# 大数据分析技术
## ——使用Excel工具

王建平 傅翠 主编

清华大学出版社

北京

# 内 容 简 介

本书共分为八章,分别为数据分析概述、外部数据的获取、数据处理、函数的应用、数据透视表与数据透视图、数据分析与可视化、Excel 数据分析实例、撰写数据分析报告。本书注重平衡理论知识和实践应用,每章都包含了实际应用案例和实训活动,以帮助读者深入理解和掌握所学知识。

本书既可作为中等职业院校计算机类专业课程教材,也可作为相关企业培训教材。

**图书在版编目(CIP)数据**

大数据分析技术:使用 Excel 工具/王建平,傅翠主编. —北京:清华大学出版社,2024.3
ISBN 978-7-302-65567-1

Ⅰ.①大… Ⅱ.①王… ②傅… Ⅲ.①数据处理软件—中等专业学校—教材 Ⅳ.①TP274

中国国家版本馆 CIP 数据核字(2024)第 022286 号

责任编辑:聂军来
封面设计:刘 键
责任校对:袁 芳
责任印制:刘 菲

出版发行:清华大学出版社
   网　　址:https://www.tup.com.cn,https://www.wqxuetang.com
   地　　址:北京清华大学学研大厦 A 座　　　邮　　编:100084
   社 总 机:010-83470000　　　　　　　　邮　　购:010-62786544
   投稿与读者服务:010-62776969,c-service@tup.tsinghua.edu.cn
   质量反馈:010-62772015,zhiliang@tup.tsinghua.edu.cn
   课件下载:https://www.tup.com.cn,010-83470410
印 装 者:三河市龙大印装有限公司
经　　销:全国新华书店
开　　本:185mm×260mm　　　印　　张:10　　　字　　数:239 千字
版　　次:2024 年 4 月第 1 版　　　　　　　印　　次:2024 年 4 月第 1 次印刷
定　　价:36.00 元

产品编号:102990-01

# 前　言

党的二十大报告指出："教育、科技、人才是全面建设社会主义现代化国家的基础性、战略性支撑。必须坚持科技是第一生产力、人才是第一资源、创新是第一动力,深入实施科教兴国战略、人才强国战略、创新驱动发展战略,这三大战略共同服务于创新型国家的建设。"职业教育与社会经济发展紧密相连,对促进就业创业、助力经济社会发展、增进人民福祉具有重要意义。

提升全民数字素养与技能,是顺应数字时代要求,提升国民素质,促进人的全面发展的战略任务,是实现从网络大国迈向网络强国的必由之路。在职业教育中设立大数据分析技术课程,旨在提升学生的数字素养,培养适应数字时代的未来公民。该课程强调构建具有时代特征的学习内容,将知识建构、技能训练与职业能力培养相结合,以"面向应用、培养创新"为目标,培养学生运用数字化工具解决问题的能力,为社会培养高素质技术技能型人才。

Excel 是一款功能强大的电子表格软件,被广泛应用于数据处理和分析领域。本书的目的是向读者介绍如何使用 Excel 进行数据处理和分析,从而更好地理解数据的本质和意义,为商业决策提供支持。

本书共分为八章,每章都涵盖了 Excel 数据处理和分析的重要内容。第一章简要介绍数据分析的核心理论、流程及相应工具,让读者了解数据分析的基本概念和应用场景,并掌握 Excel 的基本操作。第二章学习如何获取外部数据,包括从数据库和网络获取数据等。第三章深入学习如何处理数据,包括数据清理、数据转换、数据合并等。第四章介绍 Excel 的函数和公式的应用,帮助读者计算和处理常见的数据。第五章和第六章学习如何使用 Excel 的数据透视表、数据透视图和图表功能。第七章提供实际的数据分析实例,帮助读者将所学知识应用于实际场景。第八章介绍如何撰写数据分析报告,以传达数据分析的结果和建议。

我们在编写本书时,注重平衡理论知识和实践应用,每章都包含了实际应用案例和实训活动,以帮助读者深入理解和掌握所学知识。我们相信,通过实践和应用,读者可以熟练地掌握 Excel 的数据处理和分析技能,并将其应用到实际的工作中。

在编写本书的过程中,我们也得到了很多人的帮助和支持。在此,我们要感谢所有为本书的编写提供帮助和支持的人员,包括学生、同事、专业人士和出版社的编辑们。由于编者水平有限,书中难免存在一些疏漏和不足,恳请读者提出宝贵的意见和建议,以帮助我们不断改进和完善。

编　者
2024 年 1 月

# 目　录

# 第 一 章

# 数据分析概述

数据分析是应用一系列技术和方法的过程,旨在从原始数据中提取有用信息,进而支持决策。从商业智能到市场研究,从公共政策到科学研究,数据分析的脚步无处不在,其影响力深远。在本章中,我们将探索数据分析的核心理论,理解其流程,并通过掌握 Excel 这一工具来实践学习。

**学习目标**

- 认识数据分析的核心理论。
- 了解数据分析的流程。
- 掌握 Excel 的基本操作。

## 第一节 认识数据分析

随着"互联网+"的不断深入,网络中的数据量快速膨胀。身处信息的海洋,在数据高速爆发的时代,企业要想快速发展并获得成功,不能只是简单地依靠历史的经验,还要认清数据、企业和社会三者之间的关系,因此出现了数据分析师这个职业。尤其是在以数据为驱动的百度、美团以及京东等企业中,数据分析师扮演了重要的角色。现在传统企业也慢慢意识到了数据驱动的重要性,大部分企业也在学着使用数据分析解决问题,或者提升业绩,进行数字化转型。比如,金融行业的中国银联,交通行业的东方航空,通信行业的中国移动、中国联通、中国电信等都在通过数据进行探索。

现在电商的发展趋势纷纷要求数据驱动店铺运营,从数据中不断发现问题。作为一个网店商家,需要随时监控全店各类数据,并及时发现异常数据,只有这样才能进一步对症下药。毕竟现在的电商并不是通过一台计算机、一根网线就能经营的。电商的运营,从选择行业、进货、货物上架、设定价格,到打造爆款、库存管理都是需要数据支持的,这些并不是全凭感觉就可以实现的,因此数据分析占据着重要的地位。

# 一、数据分析核心理论

在数据爆炸的时代,网络中的信息铺天盖地,这些信息的大量涌现,往往使人们迷失其中无法找到方向。在大量的数据面前,运用数据分析可以让人们拨开重重迷雾,找出其中最有效的信息。而在数字化时代,人人都可以是数据分析师。对于一家企业的发展,数据分析是数据和业务之间的桥梁。在生活中,数据分析可以帮助人们提升逻辑思维能力,科学地处理问题。

那什么是数据分析呢?数据分析是通过技术手段,对业务进行流程梳理、指标监控、问题诊断以及效果评估,其目的是对过去发生的现象进行评估和分析,在此基础上对未来事物的发生和发展做出预期分析处理,并以此指导未来的一些关键性决策。

随着数据量的不断增长,数据处理以及数据挖掘技术也在迅速发展。人们对数据的处理不仅仅是数据存储以及信息的简单检索,而是结合一些模型的应用进行进一步分析。目前,虽然出现了大量数据分析技术,例如,Python、R 等编程语言以及 MySQL、Hadoop 等数据存储技术,但是 Excel 凭借其操作简单、灵活以及宽广的覆盖面等优势,在数据分析中仍占据着一席之地。

# 二、数据分析流程

数据分析是一个通过分析手段从数据中发现业务价值的过程。数据分析一般需要遵循严格的流程。其流程可以概括为:数据理解、提取数据、数据清洗、数据分析、数据可视化和撰写报告。那么在这些流程中,应该如何进行操作以及需要注意的内容是什么呢?

## (一)数据理解

要进行数据分析,首先要对数据进行理解。在数据分析中,数据不是简单的数字,如果只得到一串数字 10、20、30、40,没有其他信息,那么这几个数字就仅仅是数字而已,而不是数据。数据除了数字本身之外,还必须包含数字的来源、度量方式、单位和代表的业务场景。如果说上面的四个数字代表四个城市的销量,那可以说这是一组有意义的数据了。对于数据分析师来说,数据内容同样也不能只是数字,文本描述、图片链接、视频均可以表示数据。所以在开始进行数据分析之前,需要了解这些数据代表了什么含义,例如一组数据代表的是销售额、销量还是利润。对于数据的理解,也需要结合具体的业务场景。当了解了数据的含义之后,还需要了解数据是在什么场景下获取的,比如促销活动前的销售额与活动后的销售额两种数据是不一样的。

## (二)提取数据

在理解了数据的含义之后,接下来是提取数据。数据一般存放在公司的 ERP(enterprise resource planning,企业资源计划)或者数据库中。在数据库中,可能包含了上亿条信息,那么这么多数据都要提取吗?如果全部提取,Excel 肯定无法保存。如果不想全部提取,具体需要什么数据,就需要衡量了。那么具体如何衡量呢?在这个阶段,就需要确定一个分析目标,例如目标是其市的销售额,那么,只需要提取其市以及销售额就可以完成数据分析。

确定好目标之后,对数据的提取,一般包括两种方式:内部数据提取和外部数据提取。

内部数据可以通过企业数据库提取,Excel 同样提供了链接数据库的功能,只需要链接 Excel 以及 MySQL 就可以进行数据的提取。外部数据可以通过公开数据集和爬取网络数据提取,而对于公开数据集,Excel 同时也提供了相应的网站进行数据提取。

### (三)数据清洗

提取出数据以后,得到的数据往往不规范,所以需要对数据进行清洗与加工。一般将记录不规范、格式错误、含义不明确以及重复记录的数据称为脏数据。在数据分析之前,处理这些脏数据是最重要的操作,如果不处理这些脏数据,它将会对后期的数据汇总、统计以及分析造成影响。

**1. 记录不规范的数据**

例如,当收集员工性别时,用户 A 输入的是"男",用户 B 输入的是"男性",用户 C 输入的是"m",用户 D 输入的是"1"。造成这种问题的原因是没有对数据设置统一的格式。

**2. 格式错误的数据**

例如,统计员工的出生日期时,需要用户输入日期类型的信息。用户 A 输入的是"2000 年 1 月 1 日",用户 B 输入的是"2000.01.01",用户 C 输入的是"2000/01/01",用户 D 输入的是"2000-1-1"。在 Excel 中没办法对非日期格式的数据进行日期类型数据的计算,因此应该在数据收集时设置数据验证规则。

**3. 含义不明确的数据**

收集信息之后,可能会出现一些没有标明具体含义的数据。此时应该明确数据含义,然后再进一步进行分析。

**4. 重复记录的数据**

对于重复记录的数据,需要进一步判断。相同的订单,可能购买的商品相同,但是订单日期不同,此时存储为两个记录,因此在提取数据之前,需要对数据进行唯一性标识。删除相同的数据,避免由于数据的重复记录造成信息统计的失误。

接下来需要按照需求处理数据,例如得到了地区信息,内容为"某市某区",如果计算某市的销售额,此时需要对数据进行进一步的处理,才能得到所需的信息。

对于数据的处理,Excel 提供了丰富的功能,本书将在后续章节讲解。

### (四)数据分析

数据清洗完成后,接下来进行数据分析。可以观测数据在同比、环比趋势上的变化,或者是对不同维度上的指标进行拆分,以观察维度对指标变化的影响。在这一阶段,需要设置分析方案,明确分析需求,构思如何实现分析目标,并结合分析方法进行分析,例如,用户分析中经常用的 RFM 模型,行业分析中经常用的矩阵分析法以及对比分析法。掌握这些分析模型,会获得更进一步的结果。

### (五)数据可视化

数据分析完成后,接下来是数据可视化。数据可视化可以帮助数据分析者更好地理解数据。因为在数据分析提取到信息后,如何确保这些信息能够充分展示出来,是个重要问题。仅仅汇总出图形,得到的信息还不充分,此时可以通过图形的波动来进行展示,可以使人们的印象更加深刻。例如企业在做路演时,要向天使投资人展示自己公司的经营情况,需要通过数据可视化让投资人快速了解到自己公司的经营状况、未来的发展趋势,以此获得风险投资。数据可视化的优势就是它更容易让人记住结果，可以多维度展示数据，让人们在一堆数据中找到规律。数据可视化对于数据分析师来说，是呈现结果、展示信息、提出问题最好的方式，而可视化就是通过绘制柱形图、折线图、饼图等图表，将分析的结果充分地展示出来。Excel 中包含了进行展示的大量图表。

### （六）撰写报告

数据分析的最后一步就是撰写报告。无论是进行行业研究，还是公司经营状况分析，甚至周报分析，都需要通过分析得到某些结论，对于这些结论的总结，最好的方式是通过报告的形式展示。报告既可以通过 Excel 制作，也可以通过 Word 形式体现，还可以通过 PPT 进行展示。

分析报告是整个分析过程的成果，是评定一个活动、一个运营事件的定性结论，也很可能是用户决策的参考依据，因此报告一定要突出重点。一份好的分析报告，要有坚实的基础，并且层次明了，这样才能让人们一目了然；架构清晰、主次分明才能让人们容易读懂；而且数据分析报告尽量图表化，用图表来代替大量的数字，有助于帮助人们更加深入、更加直观地了解报告展示的结论。

数据分析师在分析之前，首先要提取数据，只有得到了数据，才能进行下一步的分析。而数据经常会被存放在表格中，所以表格是数据存储、数据记录、数据管理和数据分析的基本工具。

# 第二节　认识 Excel

人们常用的 Excel 是 Office 的产品，它是由微软公司在 1985 年发布的。经过了不断更新，Excel 功能越来越强大，因此需尽量安装较新的版本。WPS 是由金山软件于 1988 年发布的，是国内自主研发的一套办公软件。两个产品都非常成熟，功能也非常强大，操作方法十分相似。本书主要是基于 Office 2021 版本进行操作。

## 一、Excel 界面介绍

学习一门软件之前，首先需要熟悉其工作界面以及文件创建过程。当安装好 Excel 之后，单击 Excel 图标，此时便创建好了一个 Excel 文件，这个文件称为工作簿，如图 1.1 所示。

| 名称 | 修改日期 | 类型 | 大小 |
|---|---|---|---|
| 新建 XLSX 工作表 | 2023/4/14 18:11 | XLSX 工作表 | 10 KB |

图 1.1　创建 Excel 文件

此时文件名称为"新建 XLSX 工作表"，工作表扩展名为".xlsx"。Excel 文件的扩展名主要有两种：".xlsx"与".xls"，这两种文件格式并不相同。".xls"是特有的二进制格式，其核心结构是复合文档类型，它是 Excel 2003 及以前版本生成的文件格式，文件支持的最大行数是 65 536 行，最大列数是 256 列；而".xlsx"的核心结构是 XML 类型，采用的是基于 XML 的压缩方式，使其占用的空间更小，它是 Excel 2007 及以后版本生成的文件格式，其支持的最大行数是 1 048 576 行,最大列数是 16 384 列。

当创建好一个 Excel 文件,即工作簿后,双击工作簿即可打开工作簿界面。这个界面是打开所有工作表均可以看到的界面。在 Excel 界面中,每一部分都有自己的功能,例如数据格式的设置、图表的绘制、数据的编辑、公式的运用等,可以将各个功能组合起来共同实现每个阶段的数据分析。Excel 工作表界面如图 1.2 所示。

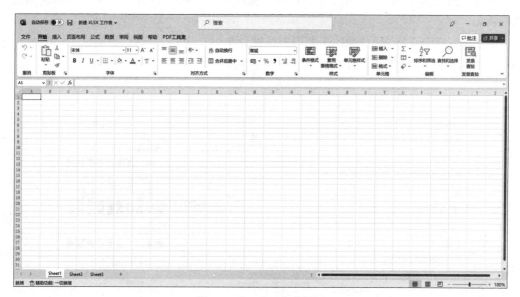

图 1.2 Excel 工作表界面

在一个工作簿中,可以创建多个工作表。对于 Excel 2003 或之前的版本,最多只能创建 255 个工作表;但是对于 Excel 2003 之后版本,工作表的个数仅受可用内存的限制,也就是说,如果计算机的内存足够大,那么一个工作簿中可以创建无数个工作表。在工作表中,又有很多单元格。

## 二、工作表的基本操作

当创建好工作簿之后,打开工作簿,Excel 会默认创建好一个工作表,工作表的名称为"Sheet1",此时可以对工作表进行重命名。双击"Sheetl",可以对工作表的名称进行修改。同时也可以创建多个工作表。在工作表区域的下方,单击图标"+",可以创建一个新的工作表,每创建一个工作表,其序号加 1,例如当创建第二个工作表时,名称为"Sheet2"。创建工作表的方式如图 1.3 所示。

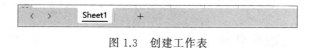

图 1.3 创建工作表

当创建好工作表后,可以在其中进行数据的存储。如果产生了不需要的表格,可以将其删除。例如现在需要删除"Sheet2",可以在工作表的下方右击工作表名称"Sheet2",此时弹出快捷菜单,选择"删除"选项即可。在这个快捷菜单中,也可以插入新的表,还可以对表进行重命名,或者可以隐藏表。表编辑界面如图 1.4 所示。

### （一）工作表标签颜色设置

当工作簿中包含了多个工作表时,可以对创建好的工作表标签设置颜色。例如,创建了一个工作簿,用来存储各个门店的销售记录,此时可以通过设置不同的标签颜色来对这些表进行区分。通过视觉的冲击性,为各个表进行重点标注。那么如何为不同的工作表标签设置颜色呢?

步骤为:右击工作表的标签,在弹出的快捷菜单中选择"工作表标签颜色"选项,从其中选择一个颜色即可,如图 1.5 所示。

图 1.4　表编辑界面

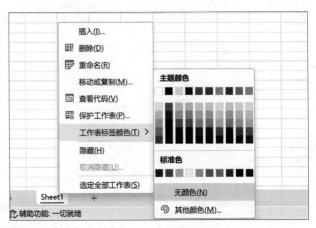
图 1.5　选择工作表标签颜色

### （二）工作表的隐藏和取消隐藏

在进行数据修改与编辑时,很少会删除源数据所在的 Excel 工作表,若删除工作表,往往没有办法对其进行恢复,因此会比较谨慎使用删除操作。通常是将暂时不用的 Excel 工作表隐藏起来,这样的操作相当于删除了无用的 Excel 工作表,被隐藏的 Excel 工作表中的数据不参与计算,保证了整个工作簿的美观。那么如何隐藏工作表呢?隐藏单个工作表,只需右击需要隐藏的工作表标签,然后在弹出的快捷菜单中选择"隐藏"选项即可。当出现被隐藏的工作表时,此时右击任意工作表,选择"取消隐藏"选项,之前隐藏的表格就会出现,如图 1.6所示。

图 1.6　工作表的隐藏与取消隐藏

### （三）工作表的移动或复制

工作中经常需要对已经存在的工作表进行移动或者复制。当需要汇总信息时,可以通过复制功能实现跨工作簿移动或者复制工作表,但是需要保证两个相互操作的工作表同时打开。

## 三、单元格的基本操作

当打开 Excel 界面时,出现在眼前的单个格子称为单元格。单元格由行号和列标组成。单击 Excel 的第一个单元格,可以在名称区看到单元格的名称 A1,表示的是第一行第一列的单元格。在单元格名字中,行号为数字,数值大小从 1 开始逐渐增加;列标是英文字母,从A 开始增加。

### (一)单元格名称与编辑

每个单元格都有自己的名称,比如 B2 单元格,表示第二行第二列单元格的内容。另外,也可以为单元格进行重新命名。

单元格重命名给日常工作带来了哪些便利呢?当需要快速引用这部分区域时,只需要输入单元格名称即可,而不需要重新选择区域,减少了多层次函数嵌套带来的出错可能。

对于单元格来说,除了重新定义名称外,还可以进行各种操作,日常工作中,可以通过对这些单元格的处理进行数据的输入、删除、合并与拆分。在 Excel 中,经常会存储大批量的数据,对于大批量的数据,可以使用快捷键快速选择数据表中单元格的区域。Excel 提供了各式各样的快捷键来选择对应的区域,具体方法见表1.1。

**表 1.1 表区域快捷键**

| 快 捷 键 | 含 义 |
| --- | --- |
| Ctrl | 同时选中多个非连续的单元格区域 |
| Shift | 选取第一个单元格,按住 Shift 键,再选取第二个单元格,结果为两次选取的单元格之间的矩形区域 |
| Ctrl+Shift+→ | 选择一行数据 |
| Ctrl+Shift+↓ | 选择一列数据 |
| Ctrl+A | 选择全部数据 |

### (二)单元格的合并与拆分

在工作中,经常需要对单元格进行合并,使数据变得更加有条理。那么如何对单元格进行合并呢?Excel 提供了三种合并方式:合并后居中、跨越合并以及合并单元格。

**1. 合并后居中**

完成所选区域的合并,只保留左上角单元格的内容,并进行居中操作。

**2. 跨越合并**

所选区域每行合并,且仅保留每一行左上角单元格的内容。

**3. 合并单元格**

仅合并单元格,不进行居中处理。

# 第 二 章

# 外部数据的获取

数据是商业数据分析的重要操作对象,只有准备好需要的数据,才能正式开启数据分析之路。那么数据可以通过哪些方法获取呢? 本章将重点介绍获取外部数据的相关操作方法,让读者全面了解如何获取外部数据。

**学习目标**

- 掌握导入文本数据的方法。
- 掌握 SQL Server 数据库的使用方法。

## 第一节 导入文本数据

文本数据是大多数应用软件都能解析的数据,它没有软件特有的格式要求,只是单纯的文本数据。但是作为 Excel 能够解析的文本数据,对数据的记录格式还是有要求的,可以使用制表符、逗号、分号及空格等符号来区分各列数据。

在图 2.1 中,总产值和实现利润的数据添加了双引号,在不使用逗号作为分隔符时,这

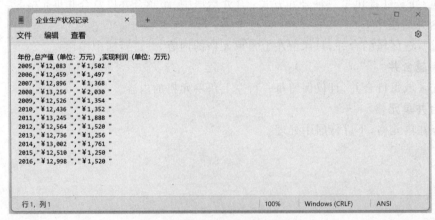

图 2.1　导入企业生产状况记录

个双引号可以添加,也可以不添加。如果用逗号作为列的分隔符,则必须添加双引号;否则程序会自动将千位分隔符识别为列的分隔标记。

无论使用哪种方式分隔数据,其导入方法都相似。下面将以逗号作为分隔符的文本文件导入 Excel 中为例,讲解如何将文本文件导入 Excel 中。

首先在 Excel 工作界面中切换至"数据"选项卡,单击"获取数据"下拉按钮,在弹出的下拉列表中依次选择"来自文件""从文本/CSV"选项,如图 2.2 所示。

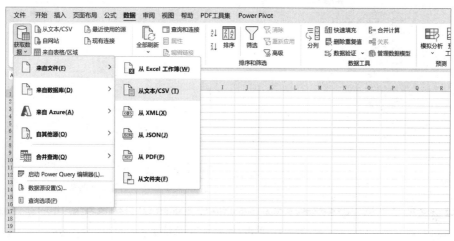

图 2.2　选择文件类型

找到文件的保存位置,并选择需要导入的文件,单击"导入"按钮,然后单击"转换数据"按钮,如图 2.3 所示。

图 2.3　转换数据

在打开的窗口中单击"拆分列"下拉按钮，如图 2.4 所示。

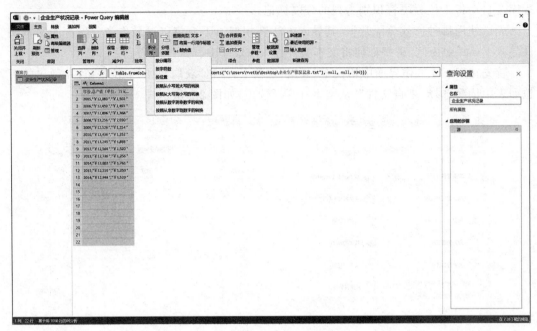

图 2.4  单击"拆分列"下拉按钮

然后在打开的"按分隔符拆分列"对话框中选择"逗号"作为分隔符，如图 2.5 所示。

图 2.5  "按分隔符拆分列"对话框

单击"确定"按钮，即可预览分隔后的效果，如图 2.6 所示。

最后单击"关闭并上载"按钮，如图 2.7 所示。

此时，程序将自动更新 Excel 中导入的文本数据。

| ABC Column1.1 | ABC Column1.2 | ABC Column1.3 |
|---|---|---|
| 1 年份 | 总产值（单位：万元） | 实现利润（单位：万元） |
| 2 2005 | ¥12,083 | ¥1,502 |
| 3 2006 | ¥12,459 | ¥1,497 |
| 4 2007 | ¥12,896 | ¥1,368 |
| 5 2008 | ¥13,256 | ¥2,030 |
| 6 2009 | ¥12,526 | ¥1,354 |
| 7 2010 | ¥12,436 | ¥1,352 |
| 8 2011 | ¥13,245 | ¥1,888 |
| 9 2012 | ¥12,564 | ¥1,520 |
| 10 2013 | ¥12,736 | ¥1,256 |
| 11 2014 | ¥13,002 | ¥1,761 |
| 12 2015 | ¥12,510 | ¥1,250 |
| 13 2016 | ¥12,998 | ¥1,520 |

图 2.6　预览分隔后的效果

图 2.7　关闭并上载

## 第二节　导入 SQL Server 数据

SQL Server 是一个功能强大的数据库管理系统，很多企业的内部数据都存储在 SQL Server 数据库中。将 SQL Server 数据库的数据直接导入 Excel 工作表中进行处理是工作中常见的操作。在 Excel 2021 中可按如下步骤获取 SQL Server 数据。

切换至"数据"选项卡，单击"获取数据"下拉按钮，在弹出的下拉列表中依次选择"来自数据库""从 SQL Server 数据库"选项，如图 2.8 所示。

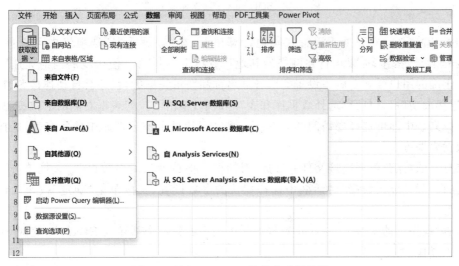

图 2.8　从 SQL Server 数据库选择数据

输入连接 SQL Server 数据库的服务器名称,单击"确定"按钮,如图 2.9 所示。

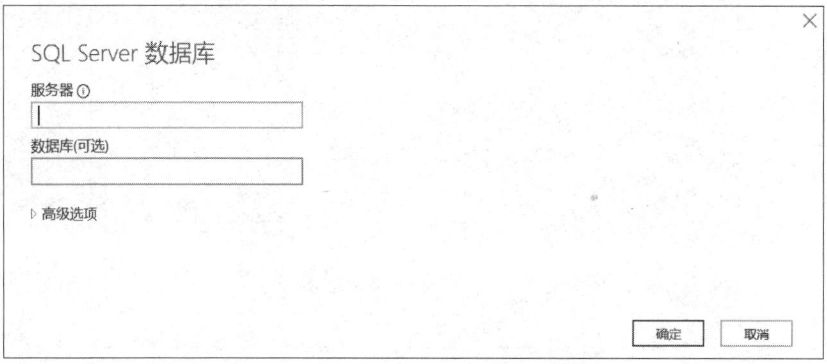

图 2.9　连接 SQL Server 数据库服务器

服务器名称文本框中可以使用 SQL Server 数据库运行的计算机域名或 IP 地址。如果 SQL Server 数据库运行在本地计算机上,可在文本框中输入"."或"127.0.0.1"表示服务器名称,如图 2.10 所示。

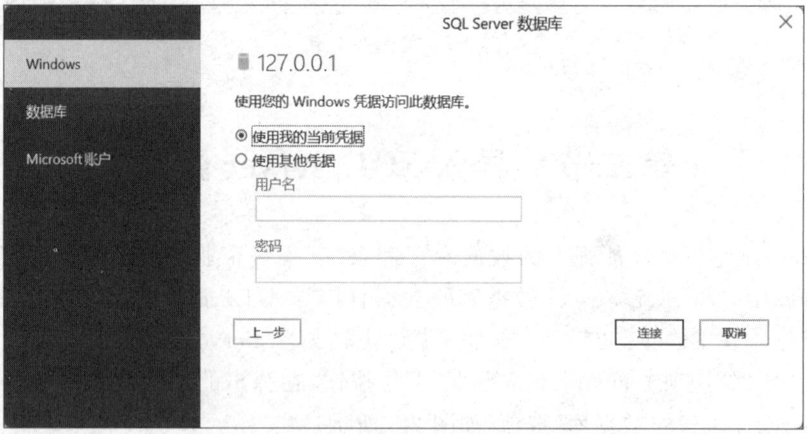

图 2.10　SQL Server 数据库服务器

如果 SQL Server 数据库运行在本地计算机上,在"登录凭据"选项组中可选择"使用 Windows 验证"按钮;如果运行在网络的其他计算机上,则选择"使用我的当前凭证"按钮,并输入正确的用户名和密码。设置完服务器名称和登录凭据后,程序会自动连接 SQL 服务器,当连接成功后,将打开"选择数据库和表"对话框,单击下拉列表框右侧的下拉按钮,在弹出的下拉列表中即可选择要访问的数据库。程序自动显示该数据库中的所有表,选择要访问的数据表即可。

在打开的"保存数据连接文件并完成"对话框中保持默认的参数设置,直接单击"完成"按钮,在打开的"导入数据"对话框中保持默认的参数设置,直接单击"确定"按钮确认导入数据。

最后,程序自动将 SQL Server 数据库数据表中的数据全部导入 Excel 中,完成 SQL 数据的导入操作。

## 🎯 实训活动

### 使用 Excel 获取外部数据

目标：通过本实训活动，读者能够使用 Excel 获取外部数据并将其导入 Excel 工作簿中。

步骤如下：

（1）打开 Excel，创建一个新的工作簿。

（2）将工作簿保存到计算机中的适当位置。

（3）在工作簿中创建一个新的工作表。

（4）在新的工作表中，创建一个新的数据表。

（5）在数据表中输入一些示例数据。

（6）使用 Excel 的功能，将数据表导出为 CSV 文件。

（7）关闭新的工作表。

（8）在工作簿中打开一个新的工作表。

（9）在新的工作表中，使用 Excel 的功能，导入 CSV 文件中的数据。

（10）将数据表格式化为适当的样式。

（11）保存工作簿并退出 Excel。

## 📚 扩展练习

如果条件允许，读者可以练习如何使用 Excel 的数据源功能来连接到外部数据库、Web 服务器或其他数据源。

# 第三章

# 数 据 处 理

Excel为用户提供了很多处理数据的功能,如排序、筛选、分类汇总、合并计算等。面对复杂的数据,合理使用这些功能,可以大幅提高工作效率,节约时间成本。

**学习目标**

- 掌握排序、筛选和分类汇总数据的方法。
- 能够使用排序、筛选和分类汇总功能高效处理数据。

## 第一节 排　　序

使用排序功能可以将表格中的数据按照指定的顺序规律进行排列,从而更直观地显示数据,满足用户多角度浏览的需求。排序的方式有升序、降序、按笔画排序等。

### 一、单字段排序

单字段排序是指只按一个关键字进行排序,数据可以是数字和文本。数字可以直接按升序或降序排列,但带数字的文本无法根据其中数字的大小进行排列。这里主要介绍数字和文本的排序方法。

#### (一)数字的排序

假设表格中A列为商品名称,B列为单价,C列为数量,D列为金额,要求将表格B列单价按从小到大的升序进行排列,操作方法如下。

单击B1:B10单元格区域任意单元格,切换至"数据"选项卡,单击"排序和筛选"组中的"升序"按钮,如图3.1所示。

"单价"按升序排列的结果如图3.2所示,可以看到B列的单价已经按从小到大的升序进行排列。

如果对B列的单价进行从大到小的排序,只需单击"数据"选项卡下"排序和筛选"组中

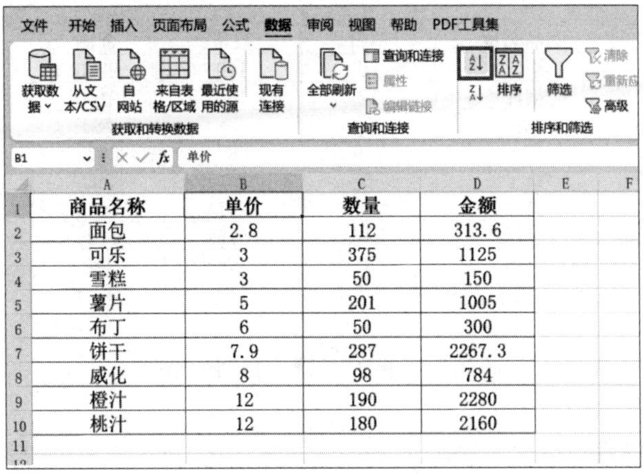


| 商品名称 | 单价 | 数量 | 金额 |
|---|---|---|---|
| 面包 | 2.8 | 112 | 313.6 |
| 可乐 | 3 | 375 | 1125 |
| 雪糕 | 3 | 50 | 150 |
| 薯片 | 5 | 201 | 1005 |
| 布丁 | 6 | 50 | 300 |
| 饼干 | 7.9 | 287 | 2267.3 |
| 威化 | 8 | 98 | 784 |
| 橙汁 | 12 | 190 | 2280 |
| 桃汁 | 12 | 180 | 2160 |

图 3.1 单击“升序”按钮

| 商品名称 | 单价 | 数量 | 金额 |
|---|---|---|---|
| 面包 | 2.8 | 112 | 313.6 |
| 可乐 | 3 | 375 | 1125 |
| 雪糕 | 3 | 50 | 150 |
| 薯片 | 5 | 201 | 1005 |
| 布丁 | 6 | 50 | 300 |
| 饼干 | 7.9 | 287 | 2267.3 |
| 威化 | 8 | 98 | 784 |
| 橙汁 | 12 | 190 | 2280 |
| 桃汁 | 12 | 180 | 2160 |

图 3.2 “单价”按升序排列的结果

的“降序”按钮即可，如图 3.3 所示。

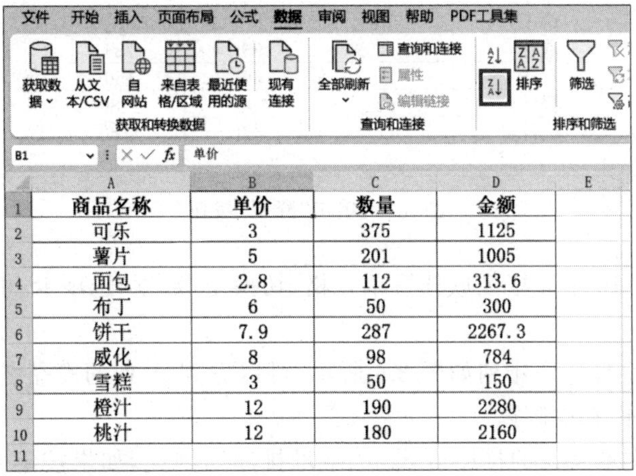


| 商品名称 | 单价 | 数量 | 金额 |
|---|---|---|---|
| 可乐 | 3 | 375 | 1125 |
| 薯片 | 5 | 201 | 1005 |
| 面包 | 2.8 | 112 | 313.6 |
| 布丁 | 6 | 50 | 300 |
| 饼干 | 7.9 | 287 | 2267.3 |
| 威化 | 8 | 98 | 784 |
| 雪糕 | 3 | 50 | 150 |
| 橙汁 | 12 | 190 | 2280 |
| 桃汁 | 12 | 180 | 2160 |

图 3.3 单击“降序”按钮

“单价”按降序排列的结果如图 3.4 所示，可以看到 B 列的单价已经按从大到小的降序进行排列。

图 3.4　"单价"按降序排列的结果

### （二）文本的排序

文本的排序方式有两种：一种是按字母排序；另一种是按笔画排序。Excel 在默认情况下是按字母排序的。

按字母排序时，直接单击"数据"选项卡下"排序和筛选"组中的"升序"或"降序"按钮即可。如图 3.5 所示，A 列为商品名称，B 列为单价，C 列为数量，D 列为金额，要求对 A 列的商品名称按降序进行排列。

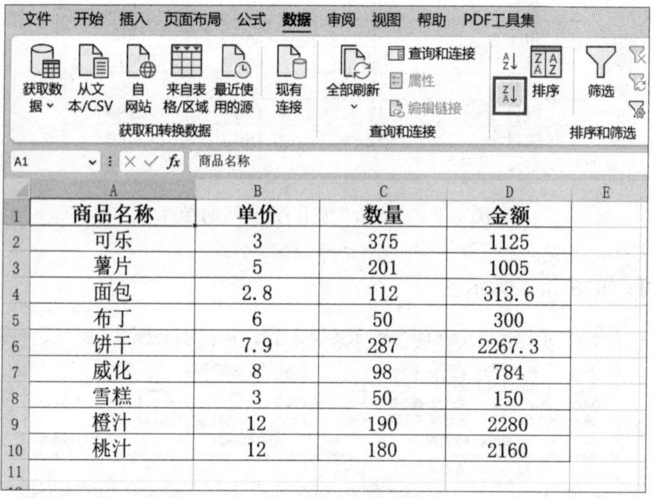

图 3.5　单击"降序"按钮

单击选择 A1:A10 单元格区域任意单元格，切换至"数据"选项卡，单击"排序和筛选"组中的"降序"按钮。

"商品名称"按字母降序排列如图 3.6 所示，可以看到 A 列的商品名称已经按第一个字符的首字母进行降序方式排序。

由于 Excel 对文本默认的排序方式是"字母排序"，因此，如果按笔画对文本进行排序，需要先在"排序"对话框中进行设置。单击选择 A1:D10 单元格区域任意单元格，切换至"数据"选项卡，单击"排序和筛选"组中的"排序"按钮，如图 3.7 所示。

在打开的"排序"对话框中，将主要关键字设置为"商品名称"，排序依据设置为"单元格值"，次序设置为"降序"，然后单击"选项"按钮，如图 3.8 所示。

| | A | B | C | D |
|---|---|---|---|---|
| 1 | 商品名称 | 单价 | 数量 | 金额 |
| 2 | 雪糕 | 3 | 50 | 150 |
| 3 | 威化 | 8 | 98 | 784 |
| 4 | 桃汁 | 12 | 180 | 2160 |
| 5 | 薯片 | 5 | 201 | 1005 |
| 6 | 面包 | 2.8 | 112 | 313.6 |
| 7 | 可乐 | 3 | 375 | 1125 |
| 8 | 橙汁 | 12 | 190 | 2280 |
| 9 | 布丁 | 6 | 50 | 300 |
| 10 | 饼干 | 7.9 | 287 | 2267.3 |
| 11 | | | | |

图 3.6　“商品名称”按字母降序排列

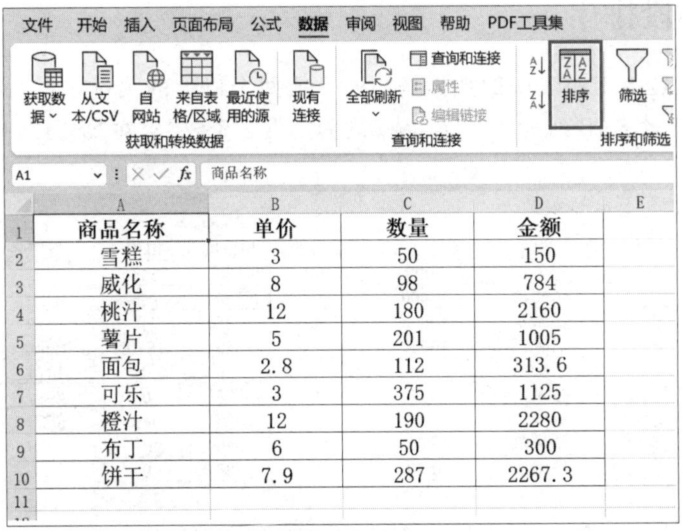


| | A | B | C | D | E |
|---|---|---|---|---|---|
| 1 | 商品名称 | 单价 | 数量 | 金额 | |
| 2 | 雪糕 | 3 | 50 | 150 | |
| 3 | 威化 | 8 | 98 | 784 | |
| 4 | 桃汁 | 12 | 180 | 2160 | |
| 5 | 薯片 | 5 | 201 | 1005 | |
| 6 | 面包 | 2.8 | 112 | 313.6 | |
| 7 | 可乐 | 3 | 375 | 1125 | |
| 8 | 橙汁 | 12 | 190 | 2280 | |
| 9 | 布丁 | 6 | 50 | 300 | |
| 10 | 饼干 | 7.9 | 287 | 2267.3 | |
| 11 | | | | | |

图 3.7　单击“排序”按钮

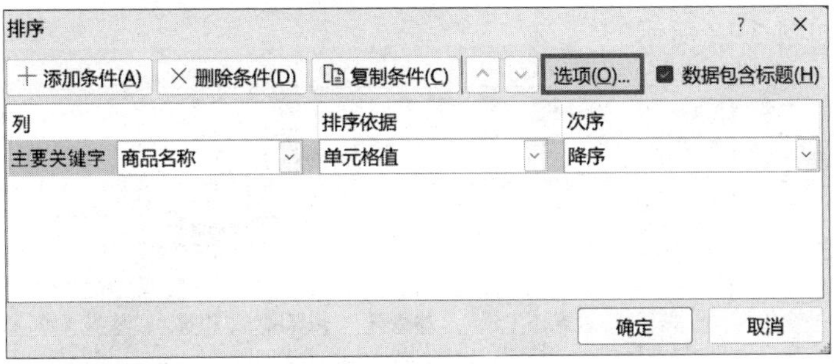


图 3.8　单击“选项”按钮

在打开的“排序选项”对话框中，选择“笔画排序”单选框，操作完成后单击“确定”按钮关闭对话框，如图 3.9 所示。在返回的“排序”对话框中继续单击“确定”按钮。

返回工作表后，即可看到 A 列的商品名称已经按第一个字符的笔画数进行了降序排列，结果如图 3.10 所示。

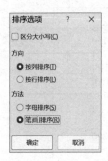

图 3.9　选择“笔画排序”单选框

| 商品名称 | 单价 | 数量 | 金额 |
|---|---|---|---|
| 橙汁 | 12 | 190 | 2280 |
| 薯片 | 5 | 201 | 1005 |
| 雪糕 | 3 | 50 | 150 |
| 桃汁 | 12 | 180 | 2160 |
| 饼干 | 7.9 | 287 | 2267.3 |
| 面包 | 2.8 | 112 | 313.6 |
| 威化 | 8 | 98 | 784 |
| 布丁 | 6 | 50 | 300 |
| 可乐 | 3 | 375 | 1125 |

图 3.10　“商品名称”按笔画降序排列的结果

## 二、多字段排序

多字段排序是指工作表中的数据按照两个或两个以上的关键字进行排序。如图 3.11 所示，A 列为员工姓名，B 列为所在部门，G 列为实发工资，要求对“部门”和“实发工资”同时做升序排序。

| 姓名 | 部门 | 基本工资 | 加班费 | 扣保险 | 扣税 | 实发工资 |
|---|---|---|---|---|---|---|
| 张一 | 财务部 | 9000 | 100 | 526 | 545 | 8029 |
| 王二 | 销售部 | 10000 | | 526 | 745 | 8729 |
| 李三 | 技术部 | 10000 | 50 | 526 | 745 | 8779 |
| 吴四 | 后勤部 | 15000 | | 526 | 1870 | 12604 |
| 卢五 | 后勤部 | 2000 | | 526 | 0 | 1474 |
| 林六 | 技术部 | 3500 | 10 | 526 | 0 | 2984 |
| 孙七 | 财务部 | 11000 | | 526 | 945 | 9529 |
| 谭八 | 销售部 | 5000 | | 526 | 45 | 4429 |
| 吴九 | 技术部 | 1500 | | 526 | 0 | 974 |

图 3.11　要求对“部门”和“实发工资”字段同时排序

选择 A1:G10 单元格区域的任意单元格，切换至“数据”选项卡，单击“排序和筛选”组中的“排序”按钮，如图 3.12 所示。

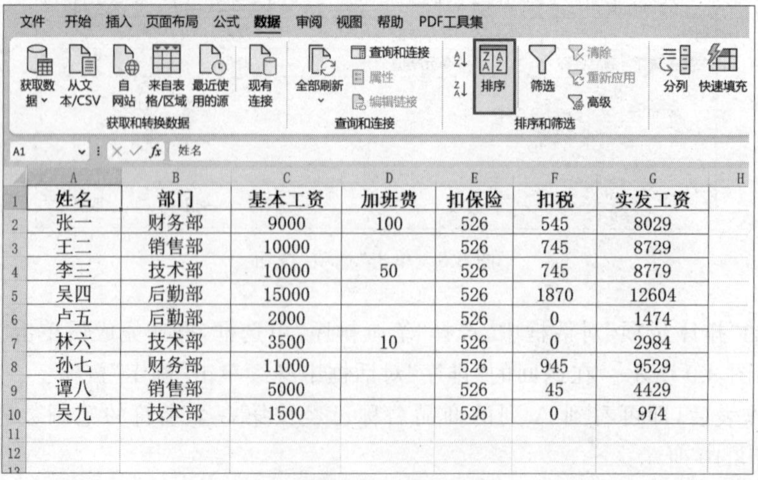


| 姓名 | 部门 | 基本工资 | 加班费 | 扣保险 | 扣税 | 实发工资 |
|---|---|---|---|---|---|---|
| 张一 | 财务部 | 9000 | 100 | 526 | 545 | 8029 |
| 王二 | 销售部 | 10000 | | 526 | 745 | 8729 |
| 李三 | 技术部 | 10000 | 50 | 526 | 745 | 8779 |
| 吴四 | 后勤部 | 15000 | | 526 | 1870 | 12604 |
| 卢五 | 后勤部 | 2000 | | 526 | 0 | 1474 |
| 林六 | 技术部 | 3500 | 10 | 526 | 0 | 2984 |
| 孙七 | 财务部 | 11000 | | 526 | 945 | 9529 |
| 谭八 | 销售部 | 5000 | | 526 | 45 | 4429 |
| 吴九 | 技术部 | 1500 | | 526 | 0 | 974 |

图 3.12　单击“排序”按钮

在打开的"排序"对话框中,将主要关键字设置为"部门",排序依据设置为"单元格值",次序设置为"升序",然后单击"复制条件"按钮,在复制出的条件中,将关键字"部门"更改为"实发工资",单击"确定"按钮,关闭对话框完成设置,如图 3.13 所示。

图 3.13　多字段排序设置

返回工作表后,即可发现数据内容已按要求进行了排序,结果如图 3.14 所示。

| | 姓名 | 部门 | 基本工资 | 加班费 | 扣保险 | 扣税 | 实发工资 |
|---|---|---|---|---|---|---|---|
| 1 | 姓名 | 部门 | 基本工资 | 加班费 | 扣保险 | 扣税 | 实发工资 |
| 2 | 张一 | 财务部 | 9000 | 100 | 526 | 545 | 8029 |
| 3 | 孙七 | 财务部 | 11000 | | 526 | 945 | 9529 |
| 4 | 卢五 | 后勤部 | 2000 | | 526 | 0 | 1474 |
| 5 | 吴四 | 后勤部 | 15000 | | 526 | 1870 | 12604 |
| 6 | 吴九 | 技术部 | 1500 | | 526 | 0 | 974 |
| 7 | 林六 | 技术部 | 3500 | 10 | 526 | 0 | 2984 |
| 8 | 李三 | 技术部 | 10000 | 50 | 526 | 745 | 8779 |
| 9 | 谭八 | 销售部 | 5000 | | 526 | 45 | 4429 |
| 10 | 王二 | 销售部 | 10000 | | 526 | 745 | 8729 |
| 11 | | | | | | | |

图 3.14　"部门"和"实发工资"字段同时排序的结果

需要注意的是,在多字段排序中,条件之间具有优先级,上面的条件优先于下面的条件,如果要改变条件之间的优先级,可以在选中该条件后单击"复制条件"右侧的"上移"或"下移"按钮进行调整。

# 第二节　筛　　选

数据筛选功能可以在复杂的数据中将符合条件的数据快速查找并显示出来,同时将不符合条件的数据进行隐藏。Excel 筛选功能分为三种:自动筛选、自定义筛选和高级筛选,下面介绍前两种。

## 一、自动筛选

在根据某个条件筛选出相关的数据时,可以使用自动筛选功能,该功能可以快速准确地查找和显示满足条件的数据。如图 3.15 所示,假设要对 B 列的"部门"字段进行筛选,筛选出"销售部"的工资记录。

单击数据区域的任意单元格,切换至"数据"选项卡,单击"排序和筛选"组中的"筛选"按钮,如图 3.16 所示。也可直接按 Ctrl+Shift+L 组合键,使用快捷键为工作表添加"筛选"

| 姓名 | 部门 | 基本工资 | 加班费 | 扣保险 | 扣税 | 实发工资 |
|------|------|----------|--------|--------|------|----------|
| 张一 | 财务部 | 9000 | 100 | 526 | 545 | 8029 |
| 王二 | 销售部 | 10000 | | 526 | 745 | 8729 |
| 李三 | 技术部 | 10000 | 50 | 526 | 745 | 8779 |
| 吴四 | 后勤部 | 15000 | | 526 | 1870 | 12604 |
| 卢五 | 后勤部 | 2000 | | 526 | 0 | 1474 |
| 林六 | 技术部 | 3500 | 10 | 526 | 0 | 2984 |
| 孙七 | 财务部 | 11000 | | 526 | 945 | 9529 |
| 谭八 | 销售部 | 5000 | | 526 | 45 | 4429 |
| 吴九 | 技术部 | 1500 | | 526 | 0 | 974 |

图 3.15　要求筛选出"销售部"的数据

| 姓名 | 部门 | 基本工资 | 加班费 | 扣保险 | 扣税 | 实发工资 |
|------|------|----------|--------|--------|------|----------|
| 张一 | 财务部 | 9000 | 100 | 526 | 545 | 8029 |
| 王二 | 销售部 | 10000 | | 526 | 745 | 8729 |
| 李三 | 技术部 | 10000 | 50 | 526 | 745 | 8779 |
| 吴四 | 后勤部 | 15000 | | 526 | 1870 | 12604 |
| 卢五 | 后勤部 | 2000 | | 526 | 0 | 1474 |
| 林六 | 技术部 | 3500 | 10 | 526 | 0 | 2984 |
| 孙七 | 财务部 | 11000 | | 526 | 945 | 9529 |
| 谭八 | 销售部 | 5000 | | 526 | 45 | 4429 |
| 吴九 | 技术部 | 1500 | | 526 | 0 | 974 |

图 3.16　为工作表添加"筛选"按钮

按钮。

　　工作表进入筛选模式后，单击"部门"字段上的"筛选"按钮，在展开的下拉列表中取消"全选"复选框，勾选"销售部"复选框，如图 3.17 所示。

图 3.17　勾选"销售部"复选框

勾选完成后单击"确定"按钮,即可看到工作表中只显示出"销售部"的相关记录,其他部门的数据记录均已被隐藏,结果如图 3.18 所示。

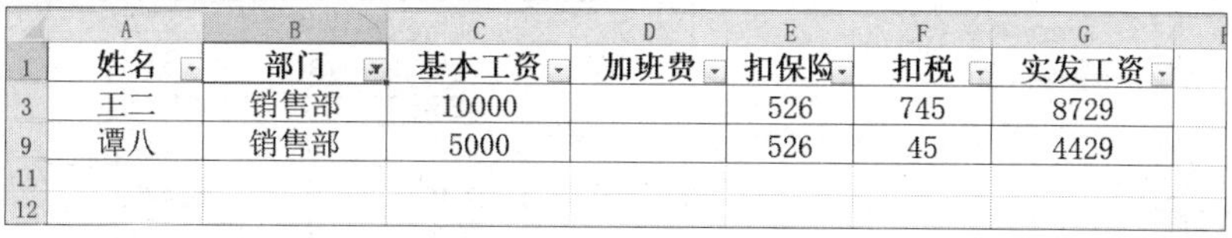

图 3.18　筛选"销售部"的结果

# 二、自定义筛选

自定义筛选功能是指用户根据不同需求筛选出满足条件的内容,如果筛选的数据类型不同,那么筛选出现的条件也不一样。

## （一）数字筛选

通常情况下筛选都是针对数字进行的,如图 3.19 所示,数字的筛选条件包括"等于""不等于""大于""大于或等于""小于""小于或等于""介于""前 10 项""高于平均值"和"低于平均值",用户可以根据需要进行选择。

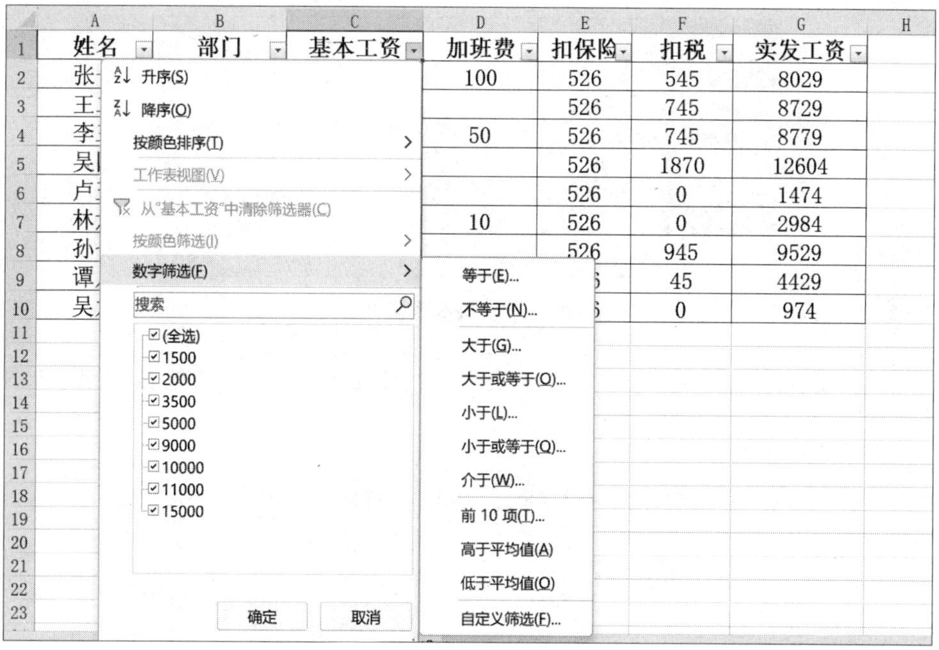

图 3.19　数字筛选的条件

要求在该工资表中筛选出 G 列"实发工资"字段大于或等于 5 000 元的记录。

在工作表进入筛选模式后,单击"实发工资"字段的"筛选"按钮,在下拉列表中依次选择"数字筛选""大于或等于"命令,如图 3.20 所示。

在打开的"自定义自动筛选"对话框中,在"大于或等于"条件右侧的输入框中输入"5 000",输入完成后单击"确定"按钮,关闭对话框完成设置,如图 3.21 所示。

图 3.20　选择"数字筛选"的条件

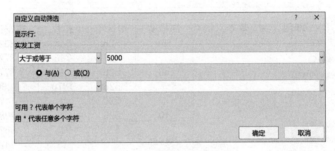

图 3.21　输入条件值

返回到工作表中,即可显示"实发工资"大于或等于 5000 元的数据记录,如图 3.22 所示。

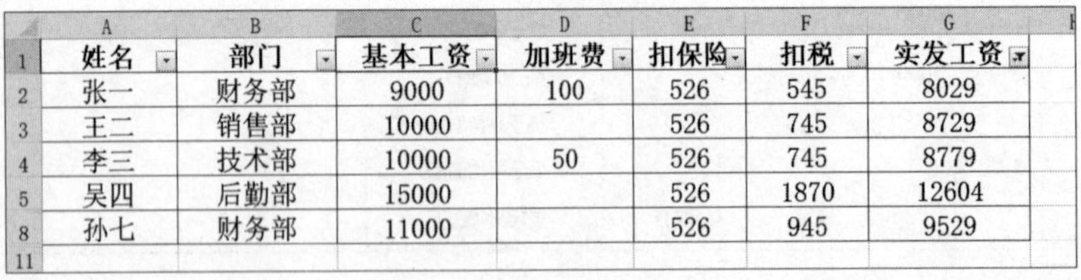

| 姓名 | 部门 | 基本工资 | 加班费 | 扣保险 | 扣税 | 实发工资 |
|---|---|---|---|---|---|---|
| 张一 | 财务部 | 9000 | 100 | 526 | 545 | 8029 |
| 王二 | 销售部 | 10000 | | 526 | 745 | 8729 |
| 李三 | 技术部 | 10000 | 50 | 526 | 745 | 8779 |
| 吴四 | 后勤部 | 15000 | | 526 | 1870 | 12604 |
| 孙七 | 财务部 | 11000 | | 526 | 945 | 9529 |

图 3.22　数字筛选的结果

## (二) 文本筛选

在对文本进行筛选时,筛选条件设置为"文本筛选",文本筛选的条件包括"等于""不等于""开头是""结尾是""包含"和"不包含",如图 3.23 所示,用户可以根据需要进行选择。在文本筛选中,用户可以使用通配符进行模糊筛选,但是筛选的条件中必须有共同的字符。

图 3.23 文本筛选的条件

要求筛选出张姓和李姓的全部数据记录,步骤如下。

单击数据区域内的任意单元格,切换至"数据"选项卡,单击"排序和筛选"组中的"筛选"按钮。在工作表进入筛选模式后,单击"姓名"字段的"筛选"按钮,在下拉列表中依次选择"文本筛选""包含"命令,操作如图 3.24 所示。

| 姓名 | 部门 | 基本工资 | 加班费 | 扣保险 | 扣税 | 实发工资 | H |
|---|---|---|---|---|---|---|---|
| 升序(S) | | 9000 | 100 | 526 | 545 | 8029 | |
| 降序(O) | | 10000 | | 526 | 745 | 8729 | |
| 按颜色排序(T) | | 10000 | 50 | 526 | 745 | 8779 | |
| 工作表视图(V) | | 15000 | | 526 | 1870 | 12604 | |
| 从"姓名"中清除筛选器(C) | | 2000 | | 526 | 0 | 1474 | |
| 按颜色筛选(I) | | 3500 | 10 | 526 | 0 | 2984 | |
| 文本筛选(F) | | 11000 | | 526 | 945 | 9529 | |
| 搜索 | 等于(E)… | | | 526 | 45 | 4429 | |
| ☑(全选) | 不等于(N)… | | | 526 | 0 | 974 | |
| ☑李三 | 开头是(I)… | | | | | | |
| ☑林六 | 结尾是(T)… | | | | | | |
| ☑卢五 | 包含(A)… | | | | | | |
| ☑孙七 | 不包含(D)… | | | | | | |
| ☑谭八 | 自定义筛选(F)… | | | | | | |
| ☑王二 | | | | | | | |
| ☑吴九 | | | | | | | |
| ☑吴四 | | | | | | | |
| ☑张一 | | | | | | | |
| 确定 取消 | | | | | | | |

图 3.24 选择"包含"条件

在打开的"自定义自动筛选"对话框中,将"显示行"条件设为"开头是",并在右侧的文本框中输入文字"张"和"李",然后选择中间的"或"单选框,设置完成后单击"确定"按钮,关闭对话框完成操作,如图 3.25 所示。

返回到工作表中,即可看到张姓和李姓的相关记录被全部显示出来,而其他姓氏的数据记录均被隐藏,结果如图 3.26 所示。

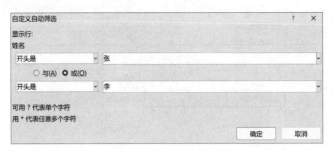

图 3.25　输入条件值

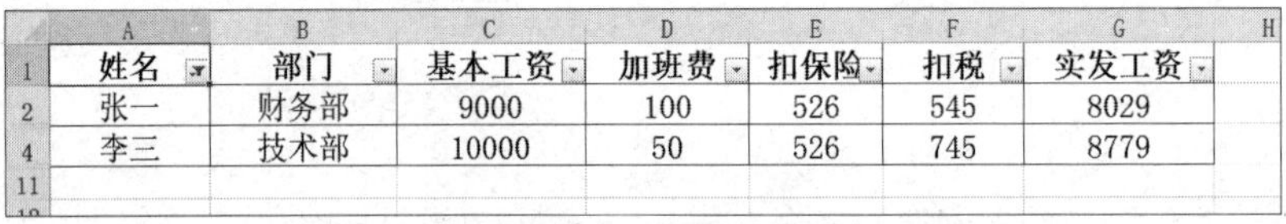

| 姓名 | 部门 | 基本工资 | 加班费 | 扣保险 | 扣税 | 实发工资 | H |
|---|---|---|---|---|---|---|---|
| 张一 | 财务部 | 9000 | 100 | 526 | 545 | 8029 | |
| 李三 | 技术部 | 10000 | 50 | 526 | 745 | 8779 | |

图 3.26　文本的筛选结果

# 第三节　分类汇总数据

分类汇总是指对报表中的数据进行计算,并在数据区域插入行显示计算的结果。分类汇总默认的函数是求和,系统提供的函数类型有"求和""计数""平均值""最大值""最小值""乘积""数值计数""标准偏差""总体标准偏差""方差"和"总体方差",如图 3.27 所示,用户可以根据需要进行设置。

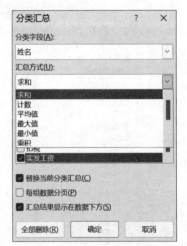

图 3.27　"分类汇总"函数类型

## 一、简单分类汇总

如图 3.28 所示,要求根据"部门"字段,分类汇总"实发工资"字段。创建数据分类汇总之前,需要先对分类字段进行排序,选择 A 列数据任意单元格,切换至"数据"选项卡,单击"排序和筛选"组中的"升序"按钮,即可完成排序。

排序完成后,选择任意单元格,在"数据"选项卡的"分级显示"组中单击"分类汇总"按钮,如图 3.29 所示。

在打开的"分类汇总"对话框中,将"分类字段"设置为"部门","汇总方式"设置为"求和","选定汇总项"设置为"实发工资",其他项目保持默认,设置完成后单击"确定"按钮,如图 3.30 所示。

返回到工作表中,即可看到根据"部门"对"实发工资"进行了求和计算,默认为三级显示,如图 3.31 所示。

单击汇总行左上角的"分级显示"按钮,可以改变分类汇总的显示级别。当单击"2"时,为二级显示,如图 3.32 所示;当单击"1"时,为一级显示,如图 3.33 所示;当单击汇总行左侧的展开或折叠按钮时,可以自定义分类汇总的显示级别,如图 3.34 所示。

图 3.28 对分类字段进行排序

图 3.29 单击"分类汇总"按钮

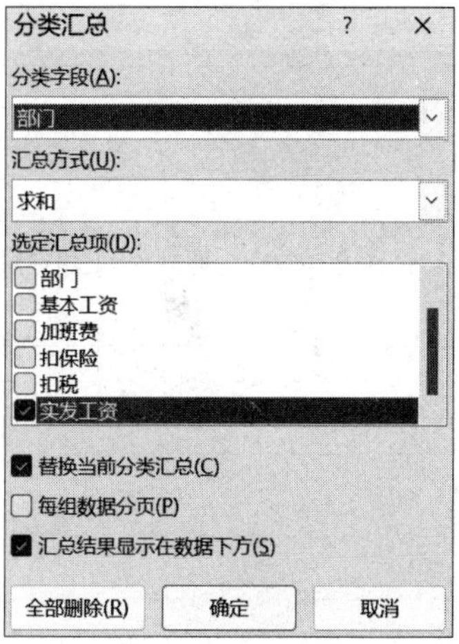

图 3.30 "分类汇总"对话框设置

| 部门 | 姓名 | 基本工资 | 加班费 | 扣保险 | 扣税 | 实发工资 | | |
|---|---|---|---|---|---|---|---|---|
| 财务部 | 张一 | 9000 | 100 | 526 | 545 | 8029 | | |
| 财务部 | 孙七 | 11000 | | 526 | 945 | 9529 | | |
| 财务部 汇总 | | | | | | 17558 | | |
| 后勤部 | 吴四 | 15000 | | 526 | 1870 | 12604 | | |
| 后勤部 | 卢五 | 2000 | | 526 | 0 | 1474 | | |
| 后勤部 汇总 | | | | | | 14078 | | |
| 技术部 | 李三 | 10000 | 50 | 526 | 745 | 8779 | | |
| 技术部 | 林六 | 3500 | 10 | 526 | 0 | 2984 | | |
| 技术部 | 吴九 | 1500 | | 526 | 0 | 974 | | |
| 技术部 汇总 | | | | | | 12737 | | |
| 销售部 | 王二 | 10000 | | 526 | 745 | 8729 | | |
| 销售部 | 谭八 | 5000 | | 526 | 45 | 4429 | | |
| 销售部 汇总 | | | | | | 13158 | | |
| 总计 | | | | | | 57531 | | |

图 3.31　分类汇总三级显示

| 部门 | 姓名 | 基本工资 | 加班费 | 扣保险 | 扣税 | 实发工资 | |
|---|---|---|---|---|---|---|---|
| 财务部 汇总 | | | | | | 17558 | |
| 后勤部 汇总 | | | | | | 14078 | |
| 技术部 汇总 | | | | | | 12737 | |
| 销售部 汇总 | | | | | | 13158 | |
| 总计 | | | | | | 57531 | |

图 3.32　分类汇总二级显示

| 部门 | 姓名 | 基本工资 | 加班费 | 扣保险 | 扣税 | 实发工资 | |
|---|---|---|---|---|---|---|---|
| 总计 | | | | | | 57531 | |

图 3.33　分类汇总一级显示

| 部门 | 姓名 | 基本工资 | 加班费 | 扣保险 | 扣税 | 实发工资 | |
|---|---|---|---|---|---|---|---|
| 财务部 | 张一 | 9000 | 100 | 526 | 545 | 8029 | |
| 财务部 | 孙七 | 11000 | | 526 | 945 | 9529 | |
| 财务部 汇总 | | | | | | 17558 | |
| 后勤部 汇总 | | | | | | 14078 | |
| 技术部 汇总 | | | | | | 12737 | |
| 销售部 汇总 | | | | | | 13158 | |
| 总计 | | | | | | 57531 | |

图 3.34　自定义分类汇总的显示级别

## 二、多重分类汇总

如图 3.35 所示,要求根据"部门"字段,统计"基本工资"的平均值和"实发工资"的合计值。本例中"部门"字段已经排序,可以直接用于创建数据分类汇总。选择任意单元格,切换至"数据"选项卡,单击"分级显示"组中的"分类汇总"按钮。

| | 部门 | 姓名 | 基本工资 | 加班费 | 扣保险 | 扣税 | 实发工资 |
|---|---|---|---|---|---|---|---|
| 2 | 财务部 | 张一 | 9000 | 100 | 526 | 545 | 8029 |
| 3 | 财务部 | 孙七 | 11000 | | 526 | 945 | 9529 |
| 4 | 后勤部 | 吴四 | 15000 | | 526 | 1870 | 12604 |
| 5 | 后勤部 | 卢五 | 2000 | | 526 | 0 | 1474 |
| 6 | 技术部 | 李三 | 10000 | 50 | 526 | 745 | 8779 |
| 7 | 技术部 | 林六 | 3500 | 10 | 526 | 0 | 2984 |
| 8 | 技术部 | 吴九 | 1500 | | 526 | 0 | 974 |
| 9 | 销售部 | 王二 | 10000 | | 526 | 745 | 8729 |
| 10 | 销售部 | 谭八 | 5000 | | 526 | 45 | 4429 |

图 3.35　单击"分类汇总"按钮

如图 3.36 所示,在打开的"分类汇总"对话框中,将"分类字段"设置为"部门","汇总方式"设置为"平均值",在"选定汇总项"组合框内勾选"基本工资"复选框,其他项目保持默认,设置完成后单击"确定"按钮。

返回到工作表中,即可看到根据"部门"对"基本工资"进行了平均值计算,默认为三级显示。再次切换至"数据"选项卡,单击"分级显示"组中的"分类汇总"按钮。

在打开的"分类汇总"对话框中,将"分类字段"设置为"部门","汇总方式"设置为"求和",在"选定汇总项"组合框内勾选"实发工资"复选框,取消勾选"替换当前分类汇总"复选框,设置完成后单击"确定"按钮,如图 3.37 所示。

图 3.36　"分类汇总"对话框设置(1)　　　　图 3.37　"分类汇总"对话框设置(2)

返回到工作表中,即可看到根据"部门"对"基本工资"进行了平均值计算,对"实发工资"进行了求和计算,二者同时存在,汇总默认为四级显示,如图 3.38 所示。

| | 部门 | 姓名 | 基本工资 | 加班费 | 扣保险 | 扣税 | 实发工资 | H |
|---|---|---|---|---|---|---|---|---|
| 1 | 部门 | 姓名 | 基本工资 | 加班费 | 扣保险 | 扣税 | 实发工资 | |
| 2 | 财务部 | 张一 | 9000 | 100 | 526 | 545 | 8029 | |
| 3 | 财务部 | 孙七 | 11000 | | 526 | 945 | 9529 | |
| 4 | 财务部 汇总 | | | | | | 17558 | |
| 5 | 财务部 平均值 | | 10000 | | | | | |
| 6 | 后勤部 | 吴四 | 15000 | | 526 | 1870 | 12604 | |
| 7 | 后勤部 | 卢五 | 2000 | | 526 | 0 | 1474 | |
| 8 | 后勤部 汇总 | | | | | | 14078 | |
| 9 | 后勤部 平均值 | | 8500 | | | | | |
| 10 | 技术部 | 李三 | 10000 | 50 | 526 | 745 | 8779 | |
| 11 | 技术部 | 林六 | 3500 | 10 | 526 | 0 | 2984 | |
| 12 | 技术部 | 吴九 | 1500 | | 526 | 0 | 974 | |
| 13 | 技术部 汇总 | | | | | | 12737 | |
| 14 | 技术部 平均值 | | 5000 | | | | | |
| 15 | 销售部 | 王二 | 10000 | | 526 | 745 | 8729 | |
| 16 | 销售部 | 谭八 | 5000 | | 526 | 45 | 4429 | |
| 17 | 销售部 汇总 | | | | | | 13158 | |
| 18 | 销售部 平均值 | | 7500 | | | | | |
| 19 | 总计 | | | | | | 57531 | |
| 20 | 总计平均值 | | 7444.444444 | | | | | |
| 21 | | | | | | | | |

图 3.38　多重分类汇总的结果

# 三、隐藏分级显示

在创建分类汇总后,用户有时需要保留数据区域的汇总,但不想显示左侧的分级显示,此时分级显示可以设置为隐藏。下面介绍两种设置方法。

## (一) Excel 选项对话框隐藏

依次选择"文件""选项"命令,在打开的"Excel 选项"对话框中,如图 3.39 所示,切换至

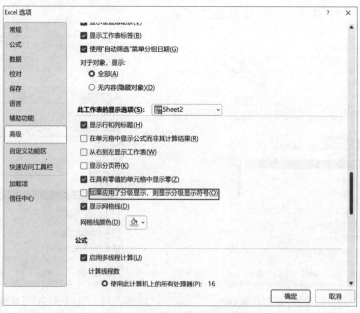

图 3.39　"Excel 选项"对话框

"高级"选项卡,在右侧找到"此工作表的显示选项"列表框,取消勾选"如果应用了分级显示,则显示分级显示符号"复选框,设置完成后,单击"确定"按钮关闭对话框。

返回到工作表中,即可看到表中只显示汇总结果,而在工作表的左侧隐藏分级显示,如图 3.40 所示。

| | 部门 | 姓名 | 基本工资 | 加班费 | 扣保险 | 扣税 | 实发工资 |
|---|---|---|---|---|---|---|---|
| 1 | 部门 | 姓名 | 基本工资 | 加班费 | 扣保险 | 扣税 | 实发工资 |
| 2 | 财务部 | 张一 | 9000 | 100 | 526 | 545 | 8029 |
| 3 | 财务部 | 孙七 | 11000 | | 526 | 945 | 9529 |
| 4 | 财务部 汇总 | | | | | | 17558 |
| 5 | 财务部 平均值 | | 10000 | | | | |
| 6 | 后勤部 | 吴四 | 15000 | | 526 | 1870 | 12604 |
| 7 | 后勤部 | 卢五 | 2000 | | 526 | 0 | 1474 |
| 8 | 后勤部 汇总 | | | | | | 14078 |
| 9 | 后勤部 平均值 | | 8500 | | | | |
| 10 | 技术部 | 李三 | 10000 | 50 | 526 | 745 | 8779 |
| 11 | 技术部 | 林六 | 3500 | 10 | 526 | 0 | 2984 |
| 12 | 技术部 | 吴九 | 1500 | | 526 | 0 | 974 |
| 13 | 技术部 汇总 | | | | | | 12737 |
| 14 | 技术部 平均值 | | 5000 | | | | |
| 15 | 销售部 | 王二 | 10000 | | 526 | 745 | 8729 |
| 16 | 销售部 | 谭八 | 5000 | | 526 | 45 | 4429 |
| 17 | 销售部 汇总 | | | | | | 13158 |
| 18 | 销售部 平均值 | | 7500 | | | | |
| 19 | 总计 | | | | | | 57531 |
| 20 | 总计平均值 | | 7444.444444 | | | | |

图 3.40　隐藏分级显示

## (二) 功能区隐藏

如图 3.41 所示,切换至"数据"选项卡,单击"分级显示"组中的"取消组合"下拉按钮,在打开的下拉列表中选择"清除分级显示"命令,同样可以隐藏分级显示。

图 3.41　功能区隐藏分级显示

如果要显示被隐藏的分级显示,使用哪种方法隐藏就按照相反的操作恢复显示。如果是使用"Excel 选项"对话框隐藏,只需再次勾选"如果应用了分级显示,则显示分级显示符号"复选框即可;如果是使用功能区隐藏,则切换至"数据"选项卡,如图 3.42 所示,单击"分级显示"组中的"组合"下拉按钮,在打开的下拉列表中选择"自动建立分级显示"命令即可。

图 3.42 　功能区恢复分级显示

## 四、分页显示分类汇总

分页显示分类汇总是将汇总的每一类数据单独列在一页中,使用该功能可以把每一类数据分别打印在不同页面的纸张上,这样数据会更加清晰。

如图 3.43 所示,在打开的"分类汇总"对话框中,勾选"每组数据分页"复选框,然后单击"确定"按钮。

图 3.43 　"分类汇总"对话框设置

接着切换至"页面布局"选项卡,单击"页面设置"组中的对话框启动器,如图 3.44 所示。

图 3.44　单击"页面设置"对话框启动器

在打开的"页面设置"对话框中，切换至"工作表"选项卡，单击"顶端标题行"右侧的折叠按钮，返回工作表中选中标题行，再单击"确定"按钮完成设置，如图 3.45 所示。

图 3.45　设置打印标题行

设置完成后，选择"打印预览"命令，即可看到一页中只有一个部门的数据和分类汇总，如图 3.46 所示。

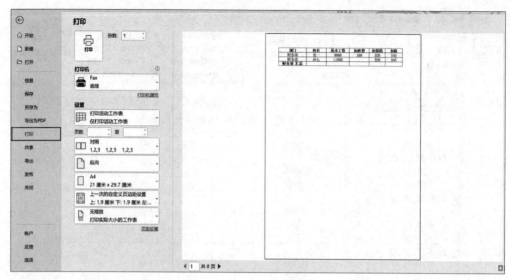

图 3.46　分页显示分类汇总的打印预览效果

## 实训活动

### 使用 Excel 进行数据排序、筛选和分类汇总

目标：通过本实训活动，读者将学习使用 Excel 的排序、筛选和分类汇总功能来处理数据。

步骤如下：

（1）打开 Excel，创建一个新的工作簿。

（2）在新的工作簿中创建一个新的工作表。

（3）在工作表中输入一些示例数据，以便后续的排序、筛选和分类汇总。

（4）使用 Excel 的排序功能，将数据按照某一列进行排序。

（5）使用 Excel 的筛选功能，筛选出符合某一条件的数据。

（6）使用 Excel 的分类汇总功能，将数据按照某一列进行汇总，并计算出各组数据的平均值、最大值、最小值等统计信息。

（7）将排序、筛选、分类汇总的结果保存到新的工作表中。

（8）将新的工作表格式化为适当的样式。

（9）保存工作簿并退出 Excel。

# 第 四 章

# 函数的应用

函数与公式是 Excel 最重要、最常用的工具,其功能强大且快捷,是用户进行数据计算和分析的不二之选,也是 Excel 的重要功能。玩转 Excel,学好函数是必要条件。本章先介绍函数公式的基础知识,再介绍八种不同类型的函数:日期和时间函数、统计函数、逻辑函数、信息函数、数学函数、文本函数、查找与引用函数等。

**学习目标**
- 了解 Excel 中函数公式的组成。
- 明确各类运算符的用途。
- 学会使用各类公式。

## 第一节  认识公式和函数

许多人开始学习使用 Excel,是被其函数公式吸引,但如果在没有掌握基础知识的情况下就着手学习函数公式,则往往事倍功半。因此,在学习使用函数公式计算数据前,要先了解函数公式的基础知识,如函数公式的基本组成、运算符以及单元格的引用类型等。

### 一、函数公式的组成

函数和公式既彼此相关又完全不同,既有联系又有区别。公式是以等号"="开头,对数据进行数学计算并返回计算结果的等式;函数是 Excel 预置的公式,按照特定的算法执行运算。函数可以是公式的一部分,但公式里不一定有函数。

公式参数的各组成要素、介绍、示例以及相关说明见表 4.1。

Excel 公式必须用英文半角输入法进行输入,函数名称和单元格引用不区分大小写,确认输入后系统会自动将小写更正为大写。

公式可以用在单元格中,通过运算直接返回结果为单元格赋值,也可以在条件格式、高级筛选、数据验证等功能中使用。但公式不能实现单元格的删减等功能,也不能对其自身以外的其他单元格进行赋值。

表 4.1　公式的组成**

| 组成要素 | 介　绍 | 示　例 | 说　明 |
|---|---|---|---|
| 函数 | Excel 预置好的公式,包括 10 多种类型的函数 | =SUM(A2:A10) | 使用 SUM 函数对 A2:A10 单元格区域内的数据进行求和 |
| 常量 | 直接输入在公式中的数字、文本、日期等 | =(A2+100)*20% | 公式中的"100"和"20%"表示常量 |
| 单元格引用 | 表示在工作表中的坐标,可以是单个单元格,也可以是单元格区域 | =(A2+100)*20% | 公式中的"A2"表示单元格的引用 |
| 运算符 | 表示表达式内执行的运算类型,包括四种运算符(算术运算符、比较运算符、文本运算符和引用运算符) | =(A2+B2)>=100 | 公式中包含算术运算符"+"和比较运算符">=" |

## 二、运算符

运算符是公式中各个参数对象之间的纽带,它决定了公式中各数据之间的运算类型。Excel 包含四种运算符,分别是算术运算符、比较运算符、文本运算符和引用运算符。下面对这四种运算符的含义和应用进行详细介绍。

### (一)算术运算符

算术运算符是最常用的运算符之一,有加号、减号、星号、正斜线、百分号和脱字符等,它们可以进行基本的数学运算,各种算术运算符号的含义和示例见表 4.2。

**表 4.2　算术运算符**

| 算术运算符 | 名　称 | 含　义 | 示　例 | 返回结果 |
|---|---|---|---|---|
| + | 加号 | 加法 | =10+5 | 15 |
| — | 减号 | 减法 | =10−5 | 5 |
| | | 负数 | =−10 | −10 |
| * | 星号 | 乘法 | =10*5 | 50 |
| / | 正斜线 | 除法 | =10/5 | 2 |
| % | 百分号 | 百分比 | =10% | 0.1 |
| ^ | 脱字符 | 乘方 | =10^5 | 100000 |

可以使用算术运算符进行基本的数学运算,下面以员工工资表为实例介绍具体的使用方法。

如图 4.1 所示,A 列为员工编号,B 列为员工姓名,C 列为员工所属部门,D 列为基本工资,E 列为加班费,F 列为扣保险的金额,G 列为扣税的金额,要求在 H 列内计算出实发工资的金额,计算条件为:实发工资=基本工资+加班费−扣保险−扣税。

选择 H2 单元格,输入公式"=D2+E2−F2−G2",按 Enter 键结束并向下填充公式,即可计算出所有员工的实发工资。此公式中包含了"+"(加号)和"−"(减号)两种算术运算符。

H2　=D2+E2-F2-G2

| | A | B | C | D | E | F | G | H |
|---|---|---|---|---|---|---|---|---|
| 1 | 编号 | 姓名 | 部门 | 基本工资 | 加班费 | 扣保险 | 扣税 | 实发工资 |
| 2 | 1 | 王一 | 院办 | 10000 | | 526 | 745 | 8729 |
| 3 | 2 | 李二 | 院办 | 10000 | 50 | 526 | 745 | 8779 |
| 4 | 3 | 吴三 | 院办 | 15000 | | 526 | 1870 | 12604 |
| 5 | 4 | 张四 | 院办 | 9000 | 100 | 526 | 545 | 8029 |
| 6 | 5 | 苏五 | 财务科 | 5000 | | 526 | 45 | 4429 |
| 7 | 6 | 吴六 | 财务科 | 6000 | | 526 | 145 | 5329 |
| 8 | 7 | 苏七 | 财务科 | 3000 | 30 | 526 | 0 | 2504 |

图 4.1　算术运算符的应用

## （二）比较运算符

比较运算符用于两个值之间的比较，有等于号、大于号、小于号、大于或等于号、小于或等于号和不等于号，比较运算的结果为逻辑值 TRUE 或者 FALSE。如果比较运算的逻辑正确，则为条件成立，会返回逻辑值 TRUE；如果比较运算的逻辑错误，则为条件不成立，会返回逻辑值 FALSE。各种比较运算符号的含义和示例见表 4.3。

**表 4.3　比较运算符**

| 比较运算符 | 名　称 | 含　义 | 示　例 | 返回结果 |
|---|---|---|---|---|
| ＝ | 等于号 | 等于 | ＝10＝5 | FALSE |
| ＞ | 大于号 | 大于 | ＝10＞5 | TRUE |
| ＜ | 小于号 | 小于 | ＝10＜5 | FALSE |
| ＞＝ | 大于或等于号 | 大于或等于 | ＝10＞＝5 | TRUE |
| ＜＝ | 小于或等于号 | 小于或等于 | ＝10＜＝5 | FALSE |
| ＜＞ | 不等于号 | 不等于 | ＝10＜＞5 | TRUE |

可以使用比较运算符对两个值进行比较，下面以学生成绩表为实例介绍具体的使用方法。

如图 4.2 所示，A 列为学生姓名，B～G 列依次为各科目分数，H 列为总分，I 列为平均分，要求在 J 列判断出哪些学生的成绩不合格。判断条件以平均分为基准，如果平均分大于或等于 60 分，则为考试合格；如果平均分小于 60 分，则为考试不合格。

J2　=I2>=60

| | A | B | C | D | E | F | G | H | I | J |
|---|---|---|---|---|---|---|---|---|---|---|
| 1 | 姓名 | 国际贸易 | 网络营销 | ERP | 网站建设 | 英语2 | 就业指导 | 总分 | 平均分 | 是否合格 |
| 2 | 韦巧碧 | 95 | 89 | 93 | 84 | 92 | 90 | 543 | 90.5 | FALSE |
| 3 | 莫宽秀 | 62 | 73 | 41 | 42 | 54 | 62 | 334 | 55.667 | FALSE |
| 4 | 翟福树 | 96 | 96 | 95 | 82 | 98 | 84 | 551 | 91.833 | TRUE |
| 5 | 黄艳艳 | 78 | 80 | 75 | 85 | 81 | 85 | 484 | 80.667 | TRUE |
| 6 | 陈慧萍 | 69 | 53 | 63 | 49 | 65 | 53 | 352 | 58.667 | FALSE |
| 7 | 梁辉宏 | 72 | 74 | 75 | 62 | 78 | 81 | 442 | 73.667 | TRUE |
| 8 | 马晓梅 | 70 | 76 | 77 | 84 | 75 | 81 | 463 | 77.167 | TRUE |

图 4.2　比较运算符的应用

选择 J2 单元格，输入公式"＝I2＞＝60"，按 Enter 键并向下填充公式，即可完成判断。若返回结果为 TRUE,则表示比较运算的表达式成立,即考试合格;若结果为 FALSE,则表示比较运算的表达式不成立,即考试不合格。此公式使用了比较运算符“>=”(大于或等于号)。

### (三)逻辑值

比较运算是 Excel 公式中非常常见的组成部分,比较运算的结果是逻辑值 TRUE 和 FALSE。

逻辑值可以参与数学运算,在参与运算时会自动转换成数值 1 和 0,TRUE 转换为 1,FALSE 转换为 0。其示例和含义见表 4.4。

**表 4.4　逻辑值**

| 示　例 | 返回结果 | 含　义 | 解　释 | 转换为数值 |
|---|---|---|---|---|
| TRUE | TRUE | 是(非零) | 成立 | 1 |
| FALSE | FALSE | 否(零) | 不成立 | 0 |

逻辑值转换成 1 和 0 的方法为:让逻辑值参与数学运算(必须是原值保持不变的数学运算),具体见表 4.5。

**表 4.5　逻辑值的转换**

| 方法类型 | 逻辑值 | 数学运算 | 转换结果 |
|---|---|---|---|
| 方法 1 | TRUE | =TRUE+0 | 1 |
| | FALSE | =FALSE+0 | 0 |
| 方法 2 | TRUE | =TRUE-0 | 1 |
| | FALSE | =FALSE-0 | 0 |
| 方法 3 | TRUE | =TRUE*1 | 1 |
| | FALSE | =FALSE*1 | 0 |
| 方法 4 | TRUE | =TRUE/1 | 1 |
| | FALSE | =FALSE/1 | 0 |
| 方法 5 | TRUE | =--TRUE | 1 |
| | FALSE | =--FALSE | 0 |

为加深印象,便于理解记忆,下面来看一个应用实例。

如图 4.3 所示,A 列为员工编号,B 列为员工姓名,C 列为学历,要求在 E 列计算员工的奖金,计算条件为:学历是本科的员工奖励 300 元,学历是高中或大专的员工不奖励。

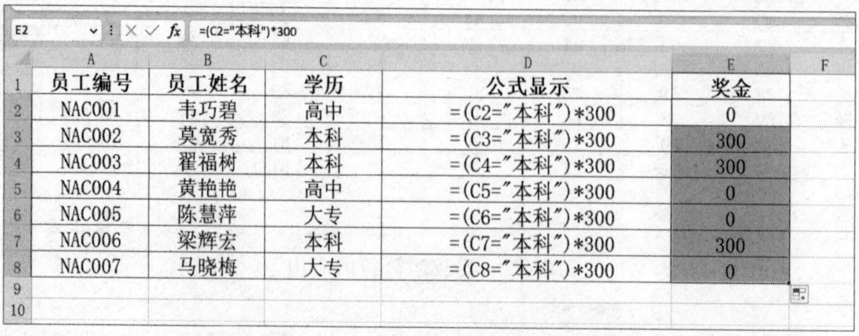

E2　=(C2="本科")*300

| | A | B | C | D | E | F |
|---|---|---|---|---|---|---|
| 1 | 员工编号 | 员工姓名 | 学历 | 公式显示 | 奖金 | |
| 2 | NAC001 | 韦巧碧 | 高中 | =(C2="本科")*300 | 0 | |
| 3 | NAC002 | 莫宽秀 | 本科 | =(C3="本科")*300 | 300 | |
| 4 | NAC003 | 翟福树 | 本科 | =(C4="本科")*300 | 300 | |
| 5 | NAC004 | 黄艳艳 | 高中 | =(C5="本科")*300 | 0 | |
| 6 | NAC005 | 陈慧萍 | 大专 | =(C6="本科")*300 | 0 | |
| 7 | NAC006 | 梁辉宏 | 本科 | =(C7="本科")*300 | 300 | |
| 8 | NAC007 | 马晓梅 | 大专 | =(C8="本科")*300 | 0 | |
| 9 | | | | | | |
| 10 | | | | | | |

图 4.3　通过逻辑值转换进行计算

选择 E2 单元格,输入公式"=(C2="本科")\*300",按 Enter 键结束并向下填充公式,即可完成计算。本例中,因为 C 列与文本"本科"进行比较运算的结果会返回逻辑值 TRUE 或 FALSE,当逻辑值进行数学运算时转换为 1 和 0 时,所以 1\*300=300、0\*300=0。

### (四)文本运算符

文本运算符主要用于将一个或多个字符进行连接,产生一个连续的文本。文本运算符只有一个,即"&",其含义和示例见表 4.6。

表 4.6 文本运算符

| 文本运算符 | 名 称 | 含 义 | 示 例 | 返回结果 |
|---|---|---|---|---|
| & | 连接符 | 将多个值连接在一起,产生一个连续的文本 | =100&"分" | 100 分 |

### (五)引用运算符

引用运算符用于单元格之间的引用,有冒号、逗号和空格,各种符号的含义和示例见表 4.7。

表 4.7 引用运算符

| 引用运算符 | 名称 | 含 义 | 示 例 |
|---|---|---|---|
| : | 冒号 | 区域运算符,生成对两个区域之间的单元格的引用,包括这两个单元格 | A1:D10 |
| , | 逗号 | 联合运算符,将多个引用合成一个引用 | A1,B2,D2,E5 |
| 空格 | 交叉运算符,生成对两个引用共同区域的引用 | | A1:D10 C5:F18 |

### (六)运算符的运算顺序

如果公式中包含多种运算符,在执行运算时,公式的运算会遵循特定的先后顺序。公式的运算顺序不同,得到的结果也不同,因此熟悉公式运算的顺序及运算顺序的更改方法至关重要。

通常情况下,公式的运算是按从左到右的顺序进行的,如果公式中包含多种运算符,则会按照一定的规则进行计算。运算符的运算顺序见表 4.8,运算符按从上到下的优先次序进行排列,表示各种运算符的运算优先级别。

表 4.8 运算符的运算顺序

| 运 算 符 | 说 明 |
|---|---|
| :(冒号) | 引用运算符 |
| (单个空格) | |
| ,(逗号) | |
| — | 负号 |
| % | 百分比 |
| ^ | 幂 |
| \* 和 / | 乘号和除号 |
| + 和 — | 加号和减号 |
| & | 文本运算符 |
| =、>、<、>=、<= | 比较运算符 |

　　如果公式中包含相同优先级的运算符,例如包含乘和除、加和减等,则从左到右依次进行计算,例如:=10-5+2、=10/5＊2,这两条公式从左到右依次计算的结果分别为 7 和 4。

　　如果公式中包含不同优先级的运算符,例如:=10-5＊2、=10+10/5,则先计算级别高的乘法和除法,再计算级别低的加法和减法,这两条公式的结果分别为 0 和 12。

　　如果需要更改运算的顺序,可以使用添加括号的方法。例如,将公式"=10+10/5"修改为"=(10+10)/5",则计算的结果为 4,其运算的顺序为:先计算括号里的加法,再计算右边的除法,即先计算 10+10=20,再计算 20/5=4。由此可见,通过括号可以让级别低的运算符优先计算。如果公式内有多组括号嵌套使用,其运算的顺序为从最内层的括号逐级向外计算。例如,=(10+(10-4/2))＊5,其计算结果为 90,该公式先计算最内层的 10-4/2=8,再计算外层的(10+8)＊5=90。

　　公式中的括号必须成对出现,即有左括号必须有右括号。数学算式里的中括号和大括号也一律使用小括号表示。

# 三、单元格引用

　　如果在公式中取用某个单元格或单元格区域中的数据,就要使用单元格引用,单元格引用在公式中起着非常重要的作用。单元格引用分为三种形式,即相对引用、绝对引用和混合引用,只有正确掌握单元格的引用形式,才能计算出正确的结果。

　　在学习单元格引用形式之前,先认识一下单元格的引用样式。Excel 单元格引用样式分为 A1 引用样式和 R1C1 引用样式两种。

## (一) A1 引用样式

　　如图 4.4 所示,A1 引用样式指的是用英文字母代表列标,用数字代表行号,由列标和行号构成单元格的地址。例如,"B4"指的是 B 列第 4 行的单元格,"D5"指的是 D 列第 5 行的单元格。

图 4.4　A1 引用样式

## (二) R1C1 引用样式

　　如图 4.5 所示,R1C1 引用样式是另一种单元格地址的表达方式,它的行号和列标都是以数字显示,在引用过程中,它通过行号和列标以及行标识"R"和列标识"C"一起组成单元格的地址。例如,要表示第 3 行第 2 列的单元格,R1C1 引用样式的表达方式是"R3C2";"R2C5"表示第 2 行第 5 列。

图 4.5　R1C1 引用样式

通常情况下,Excel 默认的引用样式是 A1 引用样式,如果要更改为 R1C1 引用样式,操作如下:依次选择"文件""选项"命令,在打开的"Excel 选项"对话框中,切换至"公式"选项卡,勾选"使用公式"组中的"R1C1 引用样式"复选框,操作完成后,单击"确定"按钮,关闭对话框完成设置,如图 4.6 所示。

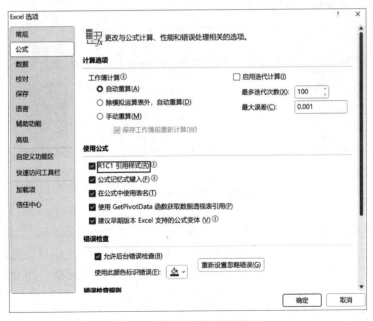

图 4.6　设置 R1C1 引用样式

如果要由 R1C1 引用样式更改为 A1 引用样式,只需再在此处取消勾选"R1C1 引用样式"复选框即可。

**1. 相对引用**

相对引用是指公式所在的单元格与公式中所引用的单元格之间建立了相对关系,如果公式所在的单元格位置发生了改变,那么公式中引用的单元格位置也会随之发生变化。如图 4.7(a)和(b)所示,在 B1 单元格中输入公式"=A1",将公式复制到 B2 单元格中或使用填充柄向下填充至 B2 单元格,B2 单元格中的公式就会自动由"=A1"变成"=A2"。

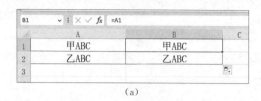

(a)

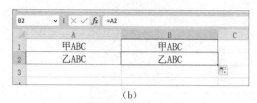

(b)

图 4.7 相对引用

使用相对引用的公式,既可以向下填充,也可以向右填充,公式中所引用的单元格位置都会随之相对变化。下面以某公司的数量销售表为例介绍相对引用的具体使用情况。

如图 4.8 所示,A 列为商品编码,B 列为商品进价,C 列为销售数量,D 列为销售单价,要求在 E 列和 F 列分别计算出销售成本和销售金额,计算规则为:销售成本=进价×销售数量;销售金额=销售单价×销售数量。

| | A | B | C | D | E | F | G |
|---|---|---|---|---|---|---|---|
| | 商品编码 | 进价 | 销售数量 | 销售单价 | 销售成本 | 销售金额 | |
| 2 | 100000001 | 10 | 140 | 13.5 | 1400 | 1400 | |
| 3 | 100000002 | 9.2 | 2060 | 12.42 | 18952 | 18952 | |
| 4 | 100000003 | 7 | 5630 | 9.45 | 39410 | 39410 | |
| 5 | 100000004 | 7 | 640 | 9.45 | 4480 | 4480 | |
| 6 | 100000005 | 7 | 7590 | 9.45 | 53130 | 53130 | |
| 7 | 100000006 | 7 | 5960 | 9.45 | 41720 | 41720 | |
| 8 | 100000007 | 7 | 8750 | 9.45 | 61250 | 61250 | |

图 4.8 相对引用的应用

选择 E2 单元格,输入公式"=B2*C2",按 Enter 键结束并将公式向下、向右填充,即可完成计算。当"=B2*C2"公式向下填充时,单元格引用会向下发生相对变化,变为"=B3*C3""=B4*C4",以此类推。当"=B2*C2"公式向右填充时,单元格引用会向右发生相对变化,变为"=C2*D2"。这就是利用了单元格的相对引用。

**2. 绝对引用**

绝对引用是指引用特定位置处的单元格,表示方法是在单元格行号和列标的前面添加绝对引用符号"$",使用绝对引用后,当公式所在的单元格的位置发生变化时,公式内所引用的单元格位置保持不变,引用的内容也不变。如果在填充公式时不希望公式中的单元格引用发生相对变化,那么可以使用绝对引用。

如图 4.9(a)和(b)所示,在 B1 单元格中输入公式"=＄A＄1",然后复制公式或使用填充柄将公式填充至 B2 单元格,此时会发现 B2 单元格中的公式仍然是"=＄A＄1",并未因为公式所在的单元格位置变化而发生相对变化。

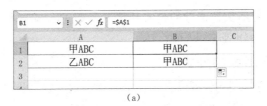

(a)

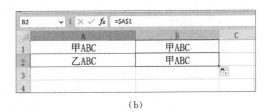

(b)

图 4.9 绝对引用

### 3. 混合引用

混合引用是指既包含相对引用又包含绝对引用的混合形式,分为绝对列相对行和绝对行相对列。绝对列相对行是指只在列标前添加"＄",如＄A1;绝对行相对列是指只在行号前添加"＄",如 A＄1。

在输入绝对引用或混合引用时,用户可以直接在引用的单元格行号或者列标前输入绝对引用符号"＄",也可以在公式中选择引用的单元格,按 F4 功能键进行切换,按一次为绝对引用,按两次为绝对行相对列,按三次为绝对列相对行,按四次恢复为相对引用。

下面以某公司的物料价格表为例介绍混合引用的具体使用情况。

如图 4.10 所示,A 列为物料编码,B 列为单价,C2:E2 单元格区域为单价的折扣,分别为 90％、80％和 70％。要求在 C 列、D 列和 E 列计算出不同折扣情况下的单价,计算规则为:折扣单价＝单价 * 折扣。

| C3 | | =$B3*C$2 | | |
|---|---|---|---|---|
| | A | B | C | D | E |
| 1 | 物料编码 | 单价 | 折扣单价 | | |
| 2 | | | 90% | 80% | 70% |
| 3 | WL0001 | 322 | 289.8 | 257.6 | 225.4 |
| 4 | WL0002 | 696 | 626.4 | 556.8 | 487.2 |
| 5 | WL0003 | 484 | 435.6 | 387.2 | 338.8 |
| 6 | WL0004 | 1118 | 1006.2 | 894.4 | 782.6 |
| 7 | | | | | |

图 4.10 混合引用的应用

选择 C3 单元格,输入公式"=＄B3 * C＄2",按 Enter 键结束并将公式向下、向右填充,即可完成计算。

因为在填充公式时,B3 单元格不能向右发生相对变化,但需要向下发生相对变化;C2

单元格不能向下发生相对变化,但需要向右发生相对变化。因此,对 B3 单元格进行绝对列相对行的混合引用,对 C2 单元格进行绝对行相对列的混合引用。

## 四、公式的输入

普通公式的输入分为不包含函数的公式和包含函数的公式两种,它们的输入方法既有共同点,也有不同点,下面分别进行介绍。

### (一)输入不包含函数的公式

对于不包含函数的公式来说,可以直接在单元格中输入。如图 4.11 所示,要求在 C1 单元格中计算 A1 和 B1 单元格之和的 30%。

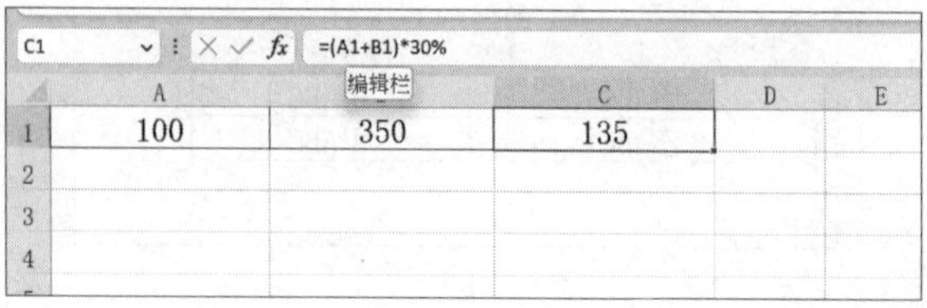

图 4.11  输入不包含函数的公式

选择 C1 单元格,输入公式"=(A1+B1)*30%",按 Enter 键结束,即可完成计算并返回计算的结果 135。

### (二)输入包含函数的公式

在 Excel 中输入函数的常用方法有两种,分别是手动输入和通过"插入函数"对话框输入。手动输入函数时,用户必须对函数很了解,包括函数名称和各参数类型。手动输入函数的方法和输入公式相似,首先输入等号"=",然后输入函数名称,例如"SUM",在输入函数名称时,Excel 会根据不断输入的字符在下拉列表中显示包含该字符串的全部函数,如图 4.12 所示。

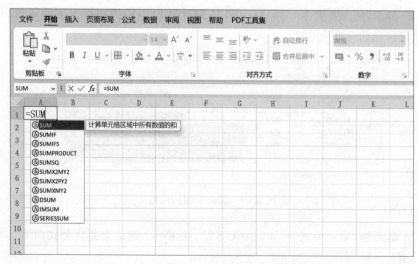

图 4.12  函数列表

用户只需在列表中使用鼠标单击,或按方向键选择需要的函数,然后按 Tab 键,Excel 会自动补全该函数的名称和左边括号,接着输入函数的各个参数,输入参数时下方会出现参数列表,参数列表中会显示与该函数相关的参数提示,当前要输入的参数会加粗显示,各参数之间用英文半角的逗号隔开,如图 4.13 所示。参数输入完毕补全右括号,按 Enter 键确认输入。

图 4.13 参数列表

除了手动输入的方法,用户还可以通过"插入函数"对话框输入函数。对于比较复杂的函数或参数比较多的函数,使用此方法可以提高用户操作的正确率。"插入函数"对话框常用的打开方式有三种。

方法 1:如图 4.14 所示,单击"公式"选项卡下"函数库"组中的"插入函数"按钮。

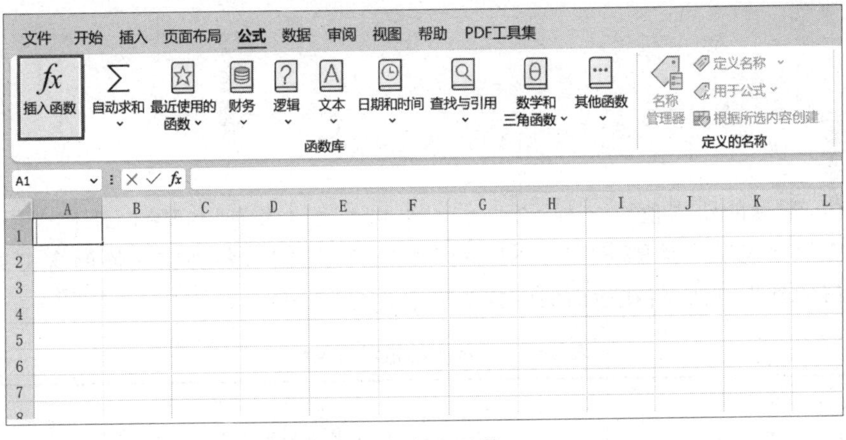

图 4.14 插入函数(1)

如图 4.15 所示,在打开的"插入函数"对话框中选择需要的函数,单击"确定"按钮即可。

方法 2:如图 4.16 所示,单击编辑栏内的"ƒx"按钮,同样可以打开"插入函数"对话框。

方法 3:按下 Shift+F3 组合键,也可以打开"插入函数"对话框。

# 五、公式中的常见错误

用户在使用公式进行计算的过程中,可能会因为某种原因无法得到正确的结果,而返回

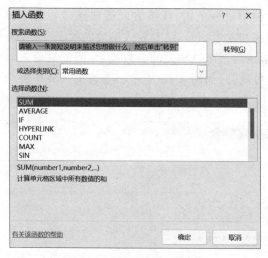

图 4.15 "插入函数"对话框

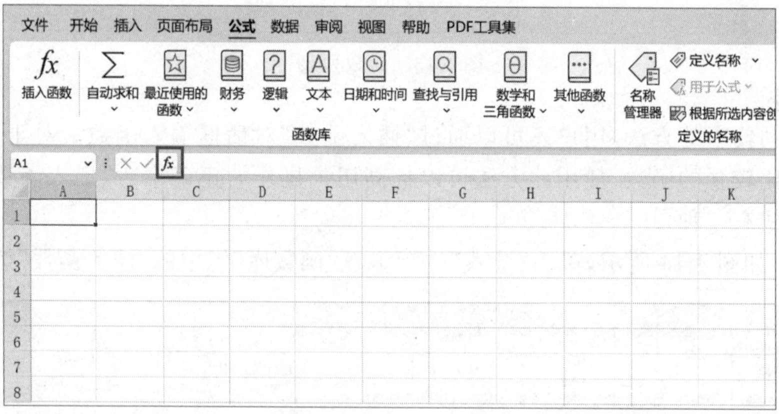

图 4.16 插入函数(2)

一个错误值,常见的错误值有 8 种:"＃＃＃＃＃＃＃＃""＃VALUE!""＃DIV/0!"
"＃NAME?""＃N/A""＃REF!""＃NUM!"和"＃NULL!",各种错误值的含义见表 4.9。
关于错误值的处理方法,将在后面的函数章节中介绍。

表 4.9 Excel 中的错误值及含义

| 错 误 值 | 含 义 |
| --- | --- |
| ＃＃＃＃＃＃＃＃ | 列宽太小或者负数被设置为日期格式 |
| ＃VALUE! | 使用错误的参数或运算对象类型 |
| ＃DIV/0! | 公式被零除时(除数是 0 或者空) |
| ＃NAME? | 不能识别的名称 |
| ＃N/A | 在函数或公式中没有可用数值 |
| ＃REF! | 删除了引用的单元格或单元格引用无效 |
| ＃NUM! | 公式或函数中某个数字有问题 |
| ＃NULL! | 试图为两个并不相交的区域指定交叉点 |

## 六、公式的锁定和隐藏

使用公式计算数据时,在单元格中会显示计算的结果,在编辑栏显示编写的公式,如果用户不希望文件的其他使用者改动或者误删自己的公式,可以对公式进行"锁定"设置;如果用户也不希望文件的其他使用者看到自己编写的公式,还可以对公式进行"隐藏"。具体的设置方法如下。

第一步:单击工作表列标与行号左上角的交叉小方格或直接按下 Ctrl+A 组合键,对工作表进行全选。

第二步:按下 Ctrl+1 组合键,在打开的"设置单元格格式"对话框中,切换至"保护"选项卡,取消"锁定"复选项,操作完毕单击"确定"按钮,关闭对话框完成设置,操作如图 4.17 所示。

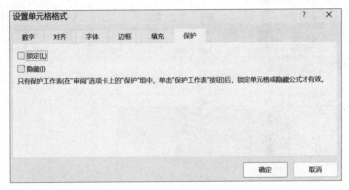

图 4.17 取消保护锁定

第三步:选择包含公式的单元格区域,或者按下 F5 功能键(或 Ctrl+G 组合键),弹出"定位条件"对话框,勾选"公式"单选框,选择完成后单击"确定"按钮,关闭对话框即可选中工作表中所有含有公式的单元格,如图 4.18 所示。

第四步:再次按下 Ctrl+1 组合键,打开"设置单元格格式"对话框,切换至"保护"选项卡,勾选"锁定"和"隐藏"复选框(如果不需要隐藏公式,则可不勾选"隐藏"复选框),操作完成后单击"确定"按钮,关闭对话框完成设置,如图 4.19 所示。

第五步:切换至"审阅"选项卡,选择"保护"组中的"保护工作表"命令,如图 4.20 所示。在打开的"保护工作表"对话框中输入密码(最少可以输入 1 位数的密码,也可以不输入任何密码),勾选"保护工作表及锁定的单元格内容"复选框,在"允许此工作表的所有用户进行"组合框中,根据实际需要进行勾选或取消勾选,操作完毕单击"确定"按钮,关闭对话框完成设置,如图 4.21 所示。

图 4.18 定位公式

在未被锁定的单元格区域,用户仍然可以进行编辑,但对于处于锁定状态的单元格区

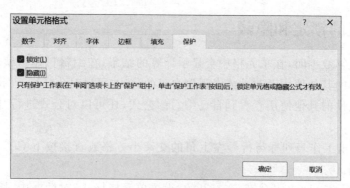

图 4.19  设置锁定和隐藏

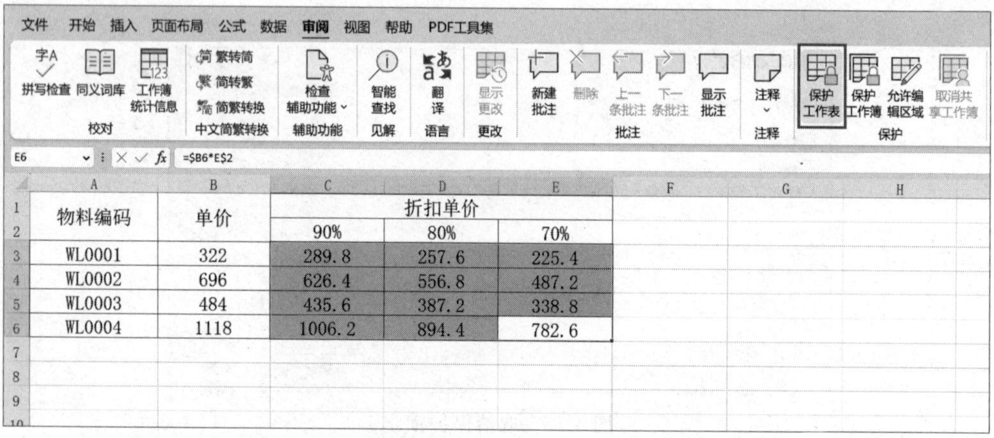

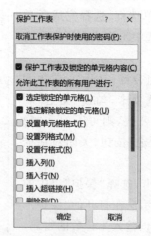

图 4.20  选择"保护工作表"命令

图 4.21  设置保护工作表密码

域,则无法编辑。如图 4.22 所示,在锁定的单元格区域按下任意键,Excel 都会弹出提示框 "您试图更改的单元格或图表位于受保护的工作表中。若要进行更改,请取消工作表保护。 您可能需要输入密码。"若要关闭该提示框,单击"确定"按钮即可。

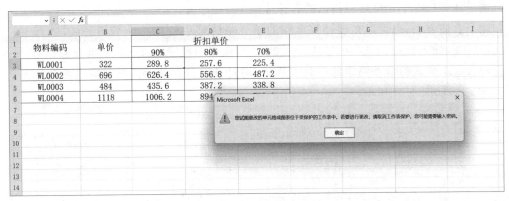

图 4.22　当试图更改被锁定的单元格时

若要取消公式的锁定和隐藏,切换至"审阅"选项卡,单击"保护"组中的"撤销工作表保护"命令,在弹出的"撤销工作表保护"对话框中,输入之前所设置的密码,单击"确定"按钮即可。

# 第二节　使用数组公式

数组公式是非常强大的公式,它可以代替公式中的辅助列直接在一个公式中执行多步计算,一次性处理多个操作。

## 一、数组公式的形式

数组公式可以存在于一个单元格区域中,每个单元格中具有相同的数组公式,也可以像普通公式那样只存在于一个单元格中。

如图 4.23 所示,在 D 列中,D2:D5 单元格中分别包含以下公式: D2＝C2 * B2、D3＝C3 * B3、D4＝C4 * B4、D5＝C5 * B5。

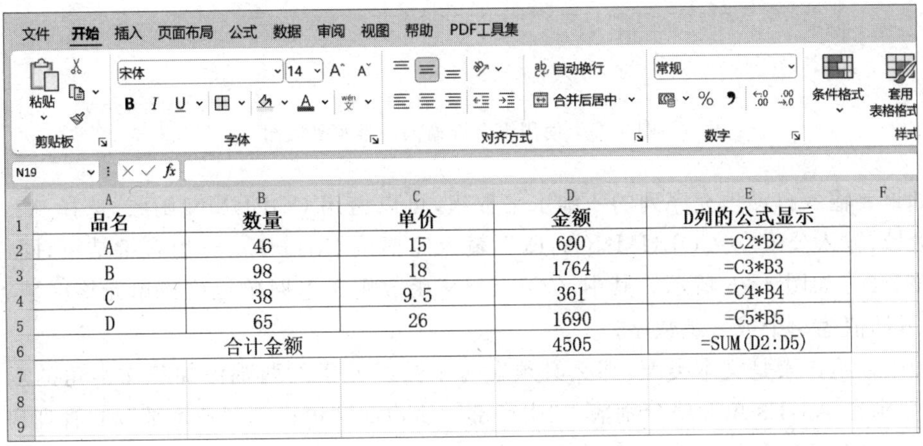

图 4.23　使用普通公式计算金额

通过计算，D6 单元格最后得出的合计金额为 4 505 元。

除了上述方法，也可以在要计算金额的单元格区域中使用一个数组公式，选择 F2:F5 单元格区域，输入数组公式"=B2:B5 * C2:C5"，按 Ctrl+Shift+Enter 组合键结束，Excel 会自动为数组公式的最外侧添加一对大括号，通过计算，F6 单元格最后得出的合计金额也是 4 505 元，如图 4.24 所示。

F2 {=B2:B5*C2:C5}

| | A | B | C | D | E | F | G |
|---|---|---|---|---|---|---|---|
| 1 | 品名 | 数量 | 单价 | 金额 | D列的公式显示 | 数组公式 | F列的公式显示 |
| 2 | A | 46 | 15 | 690 | =C2*B2 | 690 | {=B2:B5*C2:C5} |
| 3 | B | 98 | 18 | 1764 | 1764 | 1764 | {=B3:B6*C3:C6} |
| 4 | C | 38 | 9.5 | 361 | =C4*B4 | 361 | {=B4:B7*C4:C7} |
| 5 | D | 65 | 26 | 1690 | =C5*B5 | 1690 | {=B5:B8*C5:C8} |
| 6 | 合计金额 | | | 4505 | =SUM(D2:D5) | 4505 | =SUM(F2:F5) |

图 4.24 使用数组公式计算金额

## 二、数组的维数

数组的维数是指其在工作表的行和列中的分布。一维数组分为一维水平数组和一维垂直数组，位于一行或一列中。

### （一）一维水平数组

一维水平数组中的每个数组元素之间以英文半角的逗号分隔，如{1,2,3,4,5}。要在工作表中输入一维水平数组，需要预先根据数组元素的个数，横向选择一个单元格区域，例如上面的数组包含五个元素，所以需要在一行中选择五个单元格的区域（如 A1:E1），然后输入公式"={1,2,3,4,5}"，输入完成后按 Ctrl+Shift+Enter 组合键结束，即可将该数组输入选中的单元格区域中，如图 4.25 所示。

A1 ={1,2,3,4,5}

| | A | B | C | D | E | F | G |
|---|---|---|---|---|---|---|---|
| 1 | 1 | 2 | 3 | 4 | 5 | | |
| 2 | | | | | | | |
| 3 | | | | | | | |
| 4 | | | | | | | |

图 4.25 使用组合键输入一维水平数组

如果要输入自动填充序列的一维水平数组，可以借用 COLUMN 函数，选择 A2:E2 单元格区域，输入公式"=COLUMN(A:E)"，输入完毕按 Ctrl+Enter 组合键结束，同样可以得到该数组，如图 4.26 所示。其中，COLUMN 函数用于返回单元格或单元格区域首列的列号，返回值为一个或一组数字。

如果数组元素是文本类型，那么必须在每个数组元素的两端添加英文半角的双引号。例如，要求在 A3:E3 单元格分别输入"生产部""质检部""销售部""技术部"和"管理部"。

选择 A3: E3 单元格区域，输入数组公式"={"生产部","质检部","销售部","技术部","管理部"}"，输入完毕，按 Ctrl+Shift+Enter 组合键结束，即可将该数组输入单元格

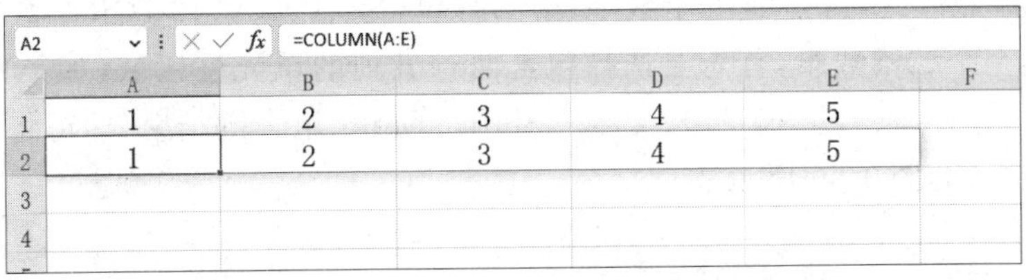

图 4.26　使用 COLUMN 函数输入一维水平数组

中,如图 4.27 所示。

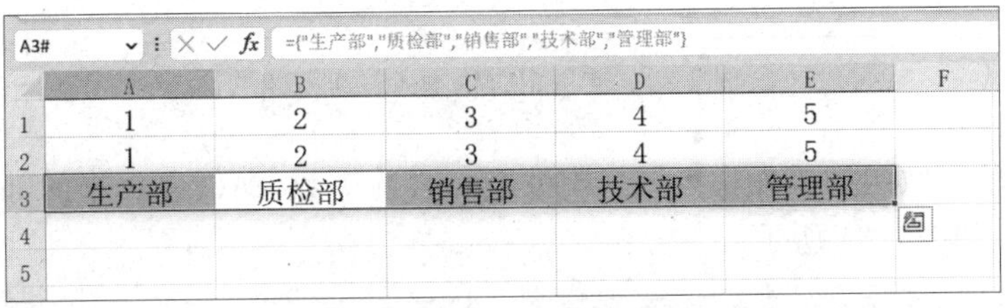

图 4.27　输入文本类型的数组

## (二) 一维垂直数组

一维垂直数组中的每个数组元素之间以英文半角的分号分隔,如{1;2;3;4;5}。要在工作表中输入一维垂直数组,需要预先根据数组元素的个数,纵向选择一个单元格区域,例如上面的数组包含五个元素,所以需要在一列中选择五个单元格的区域(如 A1:A5),然后输入公式"={1;2;3;4;5}",输入完毕按 Ctrl+Shift+Enter 组合键结束,即可将该数组输入选中的单元格区域中,如图 4.28 所示。

如果要输入自动填充序列的一维垂直数组,可以借用 ROW 函数,选择 B1:B5 单元格区域,输入公式"=ROW(1:5)",按 Ctrl+Enter 组合键结束,同样可以将该数组输入选中的单元格区域中,如图 4.29 所示。其中,ROW 函数用于返回单元格或单元格区域首行的行号,返回值为一个或一组数字。

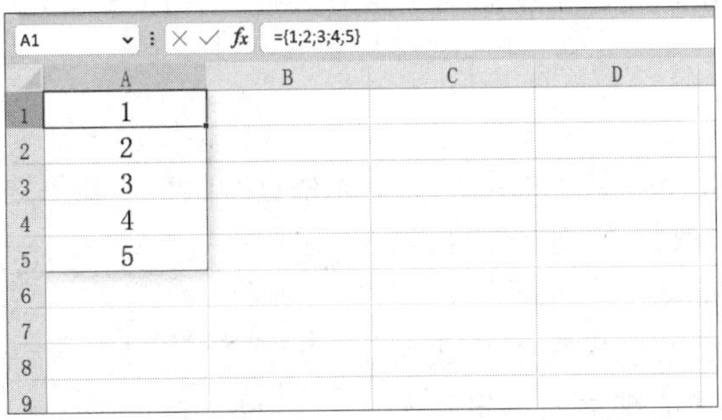

图 4.28　使用组合键输入一维垂直数组

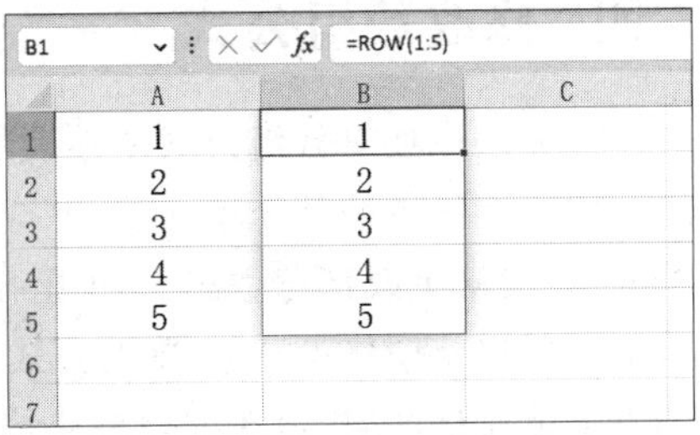

图 4.29　使用 ROW 函数输入一维垂直数组

## (三) 二维数组

二维数组是由行和列组成的,水平方向的数组元素由英文半角的逗号分隔,垂直方向的数组元素由英文半角的分号分隔,如{1,2,3,4,5;6,7,8,9,10}。这个二维数组由两行五列组成,第一行包含 1、2、3、4、5 这五个数字;第二行包含 6、7、8、9、10 这五个数字。要在工作表中输入这样一个二维数组,首先要选择包含两行五列的单元格区域(如 A1:E2),输入公式"={1,2,3,4,5;6,7,8,9,10}",按 Ctrl+Shift+Enter 组合键结束,即可将数组输入选中的单元格区域中,如图 4.30 所示。

| A1 | ∨ : × ✓ *fx* | {={1,2,3,4,5;6,7,8,9,10}} | | |
|---|---|---|---|---|
| | A | B | C | D | E |
| 1 | 1 | 2 | 3 | 4 | 5 |
| 2 | 6 | 7 | 8 | 9 | 10 |
| 3 | | | | | |
| 4 | | | | | |

图 4.30　使用组合键输入二维数组

如果用于输入数组的单元格区域大于数组元素的个数,那么多出来的部分将显示为错误值"#N/A",如图 4.31 所示。

| A1 | ∨ : × ✓ *fx* | {={1,2,3,4,5;6,7,8,9,10}} | | | | |
|---|---|---|---|---|---|---|
| | A | B | C | D | E | F | G |
| 1 | 1 | 2 | 3 | 4 | 5 | #N/A | |
| 2 | 6 | 7 | 8 | 9 | 10 | #N/A | |
| 3 | #N/A | #N/A | #N/A | #N/A | #N/A | #N/A | |
| 4 | | | | | | | |
| 5 | | | | | | | |
| 6 | | | | | | | |

图 4.31　当所选区域大于数组元素个数时

## 三、输入数组公式

数组公式在输入完成后要按 Ctrl+Shift+Enter 组合键确认输入。按下该组合键后,可以在编辑栏中看到公式的两侧包含了一对大括号。这对大括号是 Excel 自动添加的,由此可以区分出哪些公式是数组公式。如果用户自己手动添加了这对大括号,则公式会出错。

## 四、修改数组公式

用户无法单独对数组公式所涉及的单元格区域中的某一个单元格进行编辑。如果选择数组公式所在区域的某个单元格,并尝试修改操作,则会弹出对话框提示"无法更改部分数组。"如图 4.32 所示。

图 4.32　无法更改部分数组

如果用户希望修改这些数组公式,需要先选择数组公式所在的整个单元格区域,再在编辑栏或按 F2 功能键进入编辑状态后进行修改。修改完成后,按 Ctrl+Shift+Enter 组合键确认修改。如果用户希望删除占有多个单元格的数组公式,同样需要先选择数组公式所在的整个区域,然后按 Delete 键删除。

# 第三节 设置日期和时间函数

日期和时间函数是 Excel 中非常重要的函数,使用该类函数可以对日期和时间型的数据进行快速计算和处理,本节将详细介绍 Excel 中的日期和时间函数的功能、语法格式、参数说明和注意事项。

## 一、日期函数

**1. TODAY 函数**

(1) 函数功能:TODAY 函数用于返回计算机系统当前的日期。

(2) 语法格式:TODAY()。

(3) 参数说明:该函数不需要参数,但括号不能省略。

(4) 注意事项:TODAY 函数为易失性函数,当工作表被重新计算时,会自动更新。

**2. NOW 函数**

(1) 函数功能:NOW 函数用于返回计算机系统当前的日期和时间。

(2) 语法格式:NOW()。

(3) 参数说明:该函数不需要参数,但括号不能省略。

(4) 注意事项:NOW 函数为易失性函数,当工作表被重新计算时,会自动更新。

**3. YEAR 函数**

(1) 函数功能:YEAR 函数用于返回日期中的年份,返回值的范围在 1 900～9 999。

(2) 语法格式:YEAR(seriA1_number)。

(3) 参数说明如下。

seriA1_number:必需参数,表示要提取年份的日期,形式可以是输入的表示日期的序列数、日期文本或单元格引用,输入的日期文本必须使用英文半角的双引号括起来。

(4) 注意事项:seriA1_number 参数表示的日期应该以标准的日期格式输入,也可以通过使用其他函数生成,比如 NOW 函数、TODAY 函数等,如果输入了文本,YEAR 函数就返回错误值"♯VALUE!"。

**4. MONTH 函数**

(1) 函数功能:MONTH 函数用于返回日期中的月份,返回值的范围在 1～12。

(2) 语法格式:MONTH(seriA1_number)。

(3) 参数说明如下。

seriA1_number:必需参数,表示要提取月份的日期,形式可以是输入的表示日期的序列数、日期文本或单元格引用,输入的日期文本必须使用英文半角的双引号括起来。

(4) 注意事项:seriA1_number 参数表示的日期应该以标准的日期格式输入,也可以通过使用其他函数生成,比如 NOW 函数、TODAY 函数等,如果输入了文本,MONTH 函数就返回错误值"♯VALUE!"。

**5. DAY 函数**

(1) 函数功能:DAY 函数用于返回日期中的天数,返回值的范围在 1～31。

（2）语法格式：DAY(seriA1_number)。

（3）参数说明如下。

seriA1_number：必需参数，表示要提取天数的日期，形式可以是输入的表示日期的序列数、日期文本或单元格引用，输入的日期文本必须使用英文半角的双引号括起来。

（4）注意事项：seriA1_number 参数表示的日期应该以标准的日期格式输入，也可以通过使用其他函数生成，比如 NOW 函数、TODAY 函数等，如果输入了文本，DAY 函数将返回错误值"♯VALUE!"。

**6. DAYS 函数**

（1）函数功能：DAYS 函数用于计算两个日期之间的天数。

（2）语法格式：DAYS(end_date,start_date)。

（3）参数说明如下。

end_date：必需参数，表示结束日期，形式可以是输入的表示日期的序列数、日期文本或单元格引用，输入的日期文本必须使用英文半角的双引号括起来。

start_date：必需参数，表示开始日期，形式可以是输入的表示日期的序列数、日期文本或单元格引用，输入的日期文本必须使用英文半角的双引号括起来。

**7. DAYS360 函数**

（1）函数功能：DAYS360 函数用于按照一年 360 天的算法，返回两个日期之间相差的天数（每个月 30 天，一年 12 个月，共计 360 天）。

（2）语法格式：DAYS360(start_date,end_date,[method])。

（3）参数说明如下。

start_date：必需参数，表示开始日期，形式可以是输入的表示日期的序列数、日期文本或单元格引用，输入的日期文本必须使用英文半角的双引号括起来。

end_date：必需参数，表示结束日期，形式可以是输入的表示日期的序列数、日期文本或单元格引用，输入的日期文本必须使用英文半角的双引号括起来。

[method]：可选参数，表示用于判断使用的是欧洲方法还是美国方法的逻辑值，如果该参数取值为 0 或逻辑值为 FALSE，则使用美国方法；如果取值为 1 或逻辑值为 TRUE，则使用欧洲方法。

（4）注意事项：start_date 和 end_date 参数表示的日期应该以标准的日期格式输入，也可以通过使用其他函数生成，比如 NOW 函数、TODAY 函数等，如果输入了文本，则 DAYS360 函数将返回错误值"♯VALUE!"。

**8. DATE 函数**

（1）函数功能：DATE 函数用于返回由年、月、日组成的日期序列数。

（2）语法格式：DATE(year,month,day)。

（3）参数说明如下。

year：必需参数，表示年的数字，形式可以是直接输入的数字或单元格引用。

month：必需参数，表示月的数字，形式可以是直接输入的数字或单元格引用。

day：必需参数，表示日的数字，形式可以是直接输入的数字或单元格引用。

（4）注意事项：DATE 函数的所有参数都必须为数字、文本型数字或表达式。如果是文本，则 DATE 函数返回错误值"♯VALUE!"。

year 参数的值必须在 1900～9999，如果大于 9999，则返回错误值"＃VALUE!"。month 参数和 day 参数不同，可以对日期进行自动更正，如果月份大于 12，那么 DATE 函数将自动转至下一年；如果日期大于当月的最后一天，则 DATE 函数将自动转至下一月。

### 9. DATEDIF 函数

（1）函数功能：DATEDIF 函数用于计算两个日期之间相隔的年、月、天数。该函数是一个隐藏的工作表函数，因此并未出现在"插入函数"对话框中，Excel 帮助中也没有该函数的资料，输入时不会有参数提示，但这并不影响用户使用。

（2）语法格式：DATEDIF(start_date,end_date,unit)。

（3）参数说明如下。

start_date：必需参数，表示开始日期，形式可以是输入的表示日期的序列数、日期文本或单元格引用，输入的日期文本必须使用英文半角的双引号括起来，否则 DATEDIF 函数的计算将会出错。

end_date：必需参数，表示结束日期，形式可以是输入的表示日期的序列数、日期文本或单元格引用，输入的日期文本必须使用英文半角的双引号括起来，否则 DATEDIF 函数的计算将会出错。

unit：必需参数，表示计算的时间单位，共有六种。

（4）注意事项：start_date 和 end_date 参数表示的日期应该以标准的日期格式输入，也可以通过使用其他函数生成，比如 NOW 函数、TODAY 函数等，如果输入了文本，则 DATEDIF 函数将返回错误值"＃VALUE!"。

start_date 参数的日期必须小于 end_date 参数的日期，否则 DATEDIF 函数将会返回错误值"＃NUM!"。

### 10. EOMONTH 函数

（1）函数功能：EOMONTH 函数用于返回某个日期相隔（之前或之后）几个月的最后一天。

（2）语法格式：EOMONTH(start_date,months)。

（3）参数说明如下。

start_date：必需参数，表示开始日期，形式可以是输入的表示日期的序列数、日期文本或单元格引用，输入的日期文本必须使用英文半角的双引号括起来，否则 EOMONTH 函数的计算将会出错。

months：必需参数，表示开始日期之后或之前的月数，正数表示未来几个月，负数表示过去几个月，如果为小数，则自动截尾取整，只保留整数部分。

（4）注意事项：start_date 参数表示的日期应该以标准的日期格式输入，也可以通过使用其他函数生成，比如 NOW 函数、TODAY 函数等，如果输入了文本，EOMONTH 函数将返回错误值"＃VALUE!"。

### 11. EDATE 函数

（1）函数功能：EDATE 函数用于计算某个日期相隔（之前或之后）几个月的日期。

（2）语法格式：EDATE(start_date,months)。

（3）参数说明如下。

start_date：必需参数，表示开始日期，形式可以是输入的表示日期的序列数、日期文本或单元格引用,输入的日期文本必须使用英文半角的双引号括起来,否则 EDATE 函数的计算将会出错。

months:必需参数,表示开始日期之后或之前的月数,正数表示未来几个月,负数表示过去几个月,如果为小数,则自动截尾取整,只保留整数部分。

(4) 注意事项:start_date 参数表示的日期应该以标准的日期格式输入,也可以通过使用其他函数生成,比如 NOW 函数、TODAY 函数等,如果输入了文本,EDATE 函数将返回错误值"♯VALUE!"。

**12. WORKDAY 函数**

(1) 函数功能:WORKDAY 函数用于计算某个日期相隔(之前或之后)指定工作天数的日期。工作日排除了周末和指定节假日。

(2) 语法格式:WORKDAY(start_date,days,[holidays])。

(3) 参数说明如下。

start_date:必需参数,表示开始日期,形式可以是输入的表示日期的序列数、日期文本或单元格引用,输入的日期文本必须使用英文半角的双引号括起来,否则 WORKDAY 函数的计算将会出错。

days:必需参数,表示在 start_date 参数之前或之后不包含周末和节假日的天数。正数表示未来的几天,负数表示至过去的几天,如果为小数,则自动截尾取整,只保留整数部分。

[holidays]:可选参数,表示一个被排除在外的自定义的节假日区域,它是除了每周固定的周末之外的其他节假日。如果省略,则表示除了周末外,没有其他任何节假日。

(4) 注意事项:start_date 参数表示的日期应该以标准的日期格式输入,也可以通过使用其他函数生成,比如 NOW 函数、TODAY 函数等,如果输入了文本,则 WORKDAY 函数将返回错误值"♯VALUE!"。

**13. WORKDAY.INTL 函数**

(1) 函数功能:WORKDAY.INTL 函数用于计算某个日期相隔(之前或之后)指定工作天数的日期,可以使用参数指明哪些天是周末,有多少天是周末,周末和自定义节假日不会被计算在内。

(2) 语法格式:WORKDAY.INTL(start_date,days,[weekend],[holidays])。

(3) 参数说明如下。

start_date:必需参数,表示开始日期,形式可以是输入的表示日期的序列数、日期文本或单元格引用,输入的日期文本必须使用英文半角的双引号括起来,否则 WORKDAY.INTL 函数的计算会出错。

days:必需参数,表示在 start_date 参数之前或之后不包含周末和自定义节假日的天数。正数表示到未来的天数,负数表示至过去的天数,如果为小数,则自动截尾取整,只保留整数部分。

[weekend]:可选参数,表示指定一周中哪些天为不计算在内的周末的天数,有数值和字符串两种表示方式。该参数还可以使用由 0 和 1 组成的长度为 7 的字符串来表示,0 代表工作日,1 代表周末,其中的每个字符代表一周中的一天,从左到右依次为星期一、星期二、星期三、星期四、星期五、星期六、星期日。例如,0000011 表示将星期六和星期日作为周末,这两天不会被计算在内。

[holidays]：可选参数,表示一个被排除在外的指定节假日区域,它是除了每周固定的周末之外的其他节假日。如果省略,则表示除了周末之外,没有其他任何节假日。

（4）注意事项：start_date 参数表示的日期应该以标准的日期格式输入,也可以通过使用其他函数生成,比如 NOW 函数、TODAY 函数等,如果输入了文本,则 WORKDAY. INTL 函数返回错误值"♯VALUE!"。

如果[weekend]参数的字符串长度无效或包含无效字符,或使用了7个1作为该参数值且 days 参数大于或等于1,则 WORKDAY.INTL 函数返回错误值"♯VALUE!"。

**14. WEEKDAY 函数**

（1）函数功能：WEEKDAY 函数用于返回某个日期对应的是星期几。

（2）语法格式：WEEKDAY(seriA1_number,[return_type])。

（3）参数说明如下。

seriA1_number：必需参数,表示要判断是星期几的日期,形式可以是输入的表示日期的序列数、日期文本或单元格引用,输入的日期文本必须使用英文半角的双引号括起来。

[return_type]：必需参数,表示一个指定 WEEKDAY 函数返回的数字与星期几的数字对应,如果省略,则表示星期日为每周的第一天。

（4）注意事项：seriA1_number 参数表示的日期应该以标准的日期格式输入,也可以通过使用其他函数生成,比如 NOW 函数、TODAY 函数等,如果输入了文本,则 WEEKDAY 函数将返回错误值"♯VALUE!"。

**15. WEEKNUM 函数**

（1）函数功能：WEEKNUM 函数用于计算某个日期是一年中的第几周。WEEKNUM 函数将1月1日所在的周视为一年中的第一周。

（2）语法格式：WEEKNUM(seriA1_number,[return_type])。

（3）参数说明如下。

seriA1_number：必需参数,表示要计算一年中第几周的日期,形式可以是输入的表示日期的序列数、日期文本或单元格引用,输入的日期文本必须使用英文半角的双引号括起来,否则 WEEKNUM 函数的计算将会出错。

[return_type]：可选参数,表示确定一周从哪一天开始的数字。省略或为1,表示一周是从星期日开始,一周内的天数从1到7计数;为2,则表示一周是从星期一开始,一周内的天数从1到7计数。

（4）注意事项：seriA1_number 参数表示的日期应该以标准的日期格式输入,也可以通过使用其他函数生成,比如 NOW 函数、TODAY 函数等,如果输入了文本,则 WEEKNUM 函数将返回错误值"♯VALUE!"。

**16. NETWORKDAYS 函数**

（1）函数功能：NETWORKDAYS 函数用于计算两个日期之间包含的工作日天数,计算中排除周末和指定节假日。

（2）语法格式：NETWORKDAYS(start_date,end_date,[holidays])。

（3）参数说明如下。

start_date：必需参数,表示开始日期,形式可以是输入的表示日期的序列数、日期文本或单元格引用,输入的日期文本必须使用英文半角的双引号括起来,否则计算将会出错。

end_date：必需参数,表示结束日期,形式可以是输入的表示日期的序列数、日期文本或单元格引用,输入的日期文本必须使用英文半角的双引号括起来,否则计算将会出错。

［holidays］：可选参数,表示一个在计算中被排除在外的节假日区域,它是除周末之外指定的其他节假日。如果省略,则表示除了周末之外,没有其他任何节假日。

（4）注意事项：start_date 和 end_date 参数表示的日期应该以标准的日期格式输入,也可以通过使用其他函数生成,比如 NOW 函数、TODAY 函数等,但如果以文本形式输入,则 NETWORKDAYS 函数将返回错误值"＃VALUE!"。

### 17. NETWORKDAYS.INTL 函数

（1）函数功能：NETWORKDAYS.INTL 函数用于计算两个日期之间包含工作日的天数,可以使用参数指明哪些是周末以及有多少天是周末。周末和指定为节假日的日期不会被计算在内。

（2）语法格式：NETWORKDAYS. INTL（start _ date, end _ date,［weekend］,［holidays］)。

（3）参数说明如下。

start_date：必需参数,表示开始日期,形式可以是输入的表示日期的序列数、日期文本或单元格引用,输入的日期文本必须使用英文半角的双引号括起来,否则计算将会出错。

end_date：必需参数,表示结束日期,形式可以是输入的表示日期的序列数、日期文本或单元格引用,输入的日期文本必须使用英文半角的双引号括起来,否则计算将会出错。

［weekend］：可选参数,表示指定一周中哪些天为不被计算在内的周末天数,该参数有数值和字符串两种表示方式,其具体的取值及其作用见表 4.10。

表 4.10 ［weekend］参数的取值及其作用

| ［weekend］参数取值 | 作　　用 |
| --- | --- |
| 1 或忽略 | 星期六、星期日 |
| 2 | 星期日、星期一 |
| 3 | 星期一、星期二 |
| 4 | 星期二、星期三 |
| 5 | 星期三、星期四 |
| 6 | 星期四、星期五 |
| 7 | 星期五、星期六 |
| 11 | 仅星期日 |
| 12 | 仅星期一 |
| 13 | 仅星期二 |
| 14 | 仅星期三 |
| 15 | 仅星期四 |
| 16 | 仅星期五 |
| 17 | 仅星期六 |

表 4.10 所列出的是以数值作为［weekend］参数进行输入的情况。该参数还可以使用由 0 和 1 组成的长度为 7 的字符串来表示,0 代表工作日,1 代表周末,其中每个字符代表一周

中的一天,从左到右依次为星期一、星期二、星期三、星期四、星期五、星期六、星期日。例如,0000011表示星期六和星期日是周末,这两天不会被计算在内。

［holidays］:可选参数,表示一个要被排除在外的自定义的节假日区域,它是除了每周固定的周末之外的其他节假日。如果省略,则表示除了周末之外,没有其他任何节假日。

(4)注意事项:start_date和end_date参数表示的日期应该以标准的日期格式输入,也可以通过使用其他函数生成,比如NOW函数、TODAY函数等,如果输入了文本,则NETWORKDAYS.INTL函数将返回错误值"♯VALUE!"。

如果［weekend］参数中的字符串长度无效或包含无效字符,则NETWORKDAYS.INTL函数也将返回错误值"♯VALUE!"。

## 二、时间函数

### 1. HOUR 函数

(1)函数功能:HOUR函数用于返回时间中的小时数,返回值在0～23。

(2)语法格式:HOUR(seriA1_number)。

(3)参数说明如下。

seriA1_number:必需参数,表示要提取小时数的时间,形式可以是输入的表示时间的序列数、时间文本或单元格引用,输入的时间文本必须使用英文半角的双引号括起来。

(4)注意事项:HOUR函数的参数必须为数字、文本型数字或表达式。如果是文本,则HOUR函数返回错误值"♯VALUE!"。

如果小时数超过24,则HOUR函数返回实际小时数与24的差值。例如,小时数是25,则HOUR函数提取小时的返回值为1。

### 2. MINUTE 函数

(1)函数功能:MINUTE函数用于返回时间中的分钟数,返回值在0～59。

(2)语法格式:MINUTE(seriA1_number)。

(3)参数说明如下。

seriA1_number:必需参数,表示要提取分钟数的时间,形式可以是输入的表示时间的序列数、时间文本或单元格引用,输入的时间文本必须使用英文半角的双引号括起来。

(4)注意事项:MINUTE函数的参数必须为数字、文本型数字或表达式,如果是文本,则MINUTE函数返回错误值"♯VALUE!"。

如果分钟数超过60,则MINUTE函数将提取实际分钟数与60之间的差值。例如分钟数是70,那么MINUTE函数提取分钟的返回值是10。

### 3. SECOND 函数

(1)函数功能:SECOND函数用于返回时间中的秒数,返回值在0～59。

(2)语法格式:SECOND(seriA1_number)。

(3)参数说明如下。

seriA1_number:必需参数,表示要提取秒数的时间,形式可以是输入的表示时间的序列数、时间文本或单元格引用,输入的时间文本必须使用英文半角的双引号括起来。

(4)注意事项:SECOND函数的参数必须为数字、文本型数字或表达式,如果是文本,则SECOND函数返回错误值"♯VALUE!"。

如果秒数超过 60,则 SECOND 函数将提取实际秒数与 60 之间的差值。例如秒数是 65,那么 SECOND 函数提取秒数的返回值是 5。

**4. TIME 函数**

(1) 函数功能:TIME 函数用于返回由小时、分钟、秒数组成的时间序列数,它为一个小数,返回值在 0~0.99999。

(2) 语法格式:TIME(hour,minute,second)。

(3) 参数说明如下。

hour:必需参数,表示小时的数字,形式可以是直接输入的数字或单元格引用。

minute:必需参数,表示分钟的数字,形式可以是直接输入的数字或单元格引用。

second:必需参数,表示秒数的数字,形式可以是直接输入的数字或单元格引用。

(4) 注意事项:所有的参数都必须为数字、文本型数字或表达式。如果是文本,则 TIME 函数返回错误值"♯VALUE!"。

hour 参数将任何大于 23 的数值除以 24 的除数作为小时,minute 参数将任何大于 59 的数值转换为小时和分钟,second 参数将任何大于 59 的数值转换为小时、分钟和秒数。

# 第四节　使用各类函数

## 一、统计函数

统计函数主要用于对数据区域进行统计分析,帮助用户在复杂的数据中完成统计计算,得到统计的结果。在 Excel 中,统计函数有多个,本节将分别介绍各统计函数的功能、语法格式、参数说明以及注意事项。

**1. COUNT 函数**

(1) 函数功能:COUNT 函数用于统计参数中包含数字的个数。

(2) 语法格式:COUNT(value1,[value2],…)。

(3) 参数说明如下。

value1:必需参数,表示要计算其中数字个数的第 1 个参数,可以是直接输入的数字、单元格引用或数组。

[value2]:可选参数,表示要计算其中数字个数的第 2 个参数,可以是直接输入的数字、单元格引用或数组。

以此类推,最多可包含 255 个参数。

(4) 注意事项:如果在 COUNT 函数中直接输入参数的值,那么参数类型是数字、文本型数字或逻辑值的值都将被计算在内,其他类型的值将被忽略。如果使用单元格引用或数组作为 COUNT 函数的参数,那么只有数字会被计算在内,其他类型的值都将被忽略。

**2. COUNTA 函数**

(1) 函数功能:COUNTA 函数用于统计参数中包含非空单元格的个数。

(2) 语法格式:COUNTA(value1,[value2],…)。

(3) 参数说明如下。

value1:必需参数,表示要计算非空单元格的第 1 个参数。

［value2］：可选参数，表示要计算非空单元格的第 2 个参数。

以此类推，最多可包含 255 个参数。

（4）注意事项：如果使用单元格引用或数组作为 COUNTA 函数的参数，那么 COUNTA 函数将统计空白单元格以外的其他所有单元格，包括错误值和空文本("")。

### 3. COUNTBLANK 函数

（1）函数功能：COUNTBLANK 函数用于统计区域中的空白单元格的个数。

（2）语法格式：COUNTBLANK(range)。

（3）参数说明如下。

range：必需参数，需要统计其中空白单元格个数的区域。

（4）注意事项：如果统计区域中包含返回值为空文本("")的公式，COUNTBLANK 函数也会将其计算在内。

### 4. COUNTIF 函数

（1）函数功能：COUNTIF 函数用于统计区域中满足指定条件的单元格个数。

（2）语法格式：COUNTIF(range,criteria)。

（3）参数说明如下。

range：必需参数，表示要进行计数的单元格区域。

criteria：必需参数，表示要进行判断的条件，形式可以是数字、表达式、单元格引用或文本字符串。

（4）注意事项：range 参数必须为单元格区域引用，而不能是数组。

criteria 参数中包含比较运算符时，运算符必须用英文半角的双引号括起来（如">=60"），否则公式将会出错。

criteria 参数可使用通配符问号"?"和星号" * "，"?"用于匹配任意单个字符，" * "用于匹配任意多个字符，该参数不区分大小写。

### 5. COUNTIFS 函数

（1）函数功能：COUNTIFS 函数用于统计区域中满足多个条件的单元格个数。

（2）语法格式：COUNTIFS(criteria_range1,criteria1,［criteria_range2,criteria2］,...)。

（3）参数说明如下。

criteria_range1：必需参数，表示要计数的第 1 个单元格区域。

criteria1：必需参数，表示在第 1 个单元格区域中需要满足的条件，其形式可以是数字、表达式、单元格引用或文本字符串。

［criteria_range2］：可选参数，表示要计数的第 2 个单元格区域。

［criteria2］：可选参数，表示在第 2 个单元格区域中需要满足的条件，其形式可以是数字、表达式、单元格引用或文本字符串。

以此类推，最多可包含 127 个区域/条件对。

（4）注意事项：range 参数必须为单元格区域引用，而不能是数组。

criteria 参数中包含比较运算符时，运算符必须用半角的双引号括起来，否则公式将会出错。

criteria 参数可使用通配符问号"?"和星号" * "，"?"用于匹配任意单个字符，" * "用于匹配任意多个字符,该参数不区分大小写。

### 6. AVERAGE 函数

(1) 函数功能:AVERAGE 函数用于计算参数的算术平均值。

(2) 语法格式:AVERAGE(number1,[number2],…)。

(3) 参数说明如下。

number1:必需参数,表示要计算算术平均值的第 1 个数字,形式可以是直接输入的数字、单元格引用或数组。

[number2]:可选参数,表示要计算算术平均值的第 2 个数字,形式可以是直接输入的数字、单元格引用或数组。

以此类推,最多可包含 255 个参数。

(4) 注意事项:如果在 AVERAGE 函数中直接输入参数的值,那么参数必须为数字、文本型数字或逻辑值。如果输入了文本,则 AVERAGE 函数返回错误值"♯VALUE!"。如果使用单元格引用或数组作为 AVERAGE 函数的参数,那么参数必须为数字,其他类型的值都将被忽略。

### 7. AVERAGEA 函数

(1) 函数功能:AVERAGEA 函数用于计算参数中非空值的算术平均值。

(2) 语法格式:AVERAGEA(value1,[value2],…)。

(3) 参数说明如下。

value1:必需参数,表示要计算非空值的算术平均值的第 1 个数字,形式可以是直接输入的数字、单元格引用或数组。

[value2]:可选参数,表示要计算非空值的算术平均值的第 2 个数字,形式可以是直接输入的数字、单元格引用或数组。

以此类推,最多可包含 255 个参数。

(4) 注意事项:如果在 AVERAGEA 函数中直接输入参数的值,那么数字、文本型数字和逻辑值都将被计算在内,如果参数中输入了文本,则 AVERAGEA 函数会返回错误值"♯VALUE!"。如果使用单元格引用或数组作为 AVERAGEA 函数的参数,则数字和逻辑值都将被计算在内,而文本型数字和文本都将按 0 计算,空白单元格将被忽略,使 AVERAGEA 函数返回错误值"♯VALUE!"。

### 8. AVERAGEIF 函数

(1) 函数功能:AVERAGEIF 函数用于计算某个区域内满足给定条件的所有单元格的算术平均值。

(2) 语法格式:AVERAGEIF(range,criteria,[average_range])。

(3) 参数说明如下。

range:必需参数,表示要进行条件判断的单元格区域。

criteria:必需参数,表示要进行判断的条件,形式可以是数字、表达式、单元格引用或文本字符串。

[average_range]:可选参数,表示要计算算术平均值的实际单元格。如果忽略,则对 range 参数指定的单元格区域进行计算。

(4) 注意事项:range 和[average_range]参数必须为单元格引用,不能是数组。如果

range 参数为空或文本,且没有满足条件的单元格,则 AVERAGEIF 函数将返回错误值"♯ DIV/0!"。

criteria 参数中包含比较运算符时,运算符必须使用英文半角的双引号括起来,否则公式将会出错。

可以在 criteria 参数中使用通配符问号"?"和星号" * ","?"用于匹配任意单个字符," * "用于匹配任意多个字符,该参数不区分大小写。

[average_range]参数可以简写,即只写出该单元格区域左上角的单元格。

### 9. AVERAGEIFS 函数

(1) 函数功能:AVERAGEIFS 函数用于计算满足多个条件的所有单元格的算术平均值。

(2) 语法格式:AVERAGEIFS(average_range,criteria_range1,criteria1,[criteria_range2,criteria2],...)。

(3) 参数说明如下。

average_range:必需参数,表示要计算算术平均值的单元格区域。

criteria_range1:必需参数,表示要进行条件判断的第 1 个单元格区域。

criteria1:必需参数,表示在第 1 个条件区域中需要满足的条件。

[criteria_range2]:可选参数,表示要进行条件判断的第 2 个单元格区域。

[criteria2]:可选参数,表示在第 2 个条件区域中需要满足的条件。

以此类推,最多可包含 127 个区域/条件对。

(4) 注意事项:AVERAGEIFS 函数的参数不能简写,计算平均值区域与条件区域的尺寸和方向必须完全一致,否则公式就会出错。

average_range 参数中如果包含逻辑值,则 TRUE 按 1 计算,FALSE 按 0 计算;如果该参数为空或文本,且没有满足条件的单元格,则 AVERAGEIFS 函数将会返回错误值"♯ DIV/0!"。

可以在 criteria 参数中使用通配符问号"?"和星号" * ","?"用于匹配任意单个字符," * "用于匹配任意多个字符,该参数不区分大小写。

### 10. MAX 函数

(1) 函数功能:MAX 函数用于返回一组数字中的最大值。

(2) 语法格式:MAX(number1,[number2],...)。

(3) 参数说明如下。

number1:必需参数,表示要返回最大值的第 1 个数字,形式可以是直接输入的数字、单元格引用或数组。

[number2]:可选参数,表示要返回最大值的第 2 个数字,形式可以是直接输入的数字、单元格引用或数组。

以此类推,最多可包含 255 个参数。

(4) 注意事项:如果在 MAX 函数中直接输入参数的值,那么数字、文本型数字、逻辑值或日期等都将被计算在内;如果参数中输入了文本,则 MAX 函数将会返回错误值"♯ VALUE!"。

如果使用单元格引用或数组作为 MAX 函数的参数,那么只有数字会被计算在内,其他类型的值将被忽略。如果参数中不包含数字,则 MAX 函数返回 0。

**11. MAXA 函数**

(1) 函数功能：MAXA 函数用于返回一组非空单元格中的最大值。

(2) 语法格式：MAXA(value1,[value2],…)。

(3) 参数说明如下。

value1：必需参数，表示要返回非空单元格中最大值的第 1 个数字，形式可以是直接输入的数字、单元格引用或数组。

[value2]：可选参数，表示要返回非空单元格中最大值的第 2 个数字，形式可以是直接输入的数字、单元格引用或数组。

以此类推，最多可包含 255 个参数。

(4) 注意事项：如果在 MAXA 函数中直接输入参数的值，那么数字、文本型的数字和逻辑值都将被计算在内；如果参数中输入了文本，则 MAXA 函数返回错误值"♯VALUE!"。

如果使用单元格引用或数组作为 MAXA 函数的参数，那么数字和逻辑值都被计算在内，而文本型数字和文本都按 0 计算，使 MAXA 函数返回错误值"♯VALUE!"。如果参数中不包含数字，则 MAXA 函数返回 0。

**12. MIN 函数**

(1) 函数功能：MIN 函数用于返回一组数字中的最小值。

(2) 语法格式：MIN(number1,[number2],…)。

(3) 参数说明如下。

number1：必需参数，表示要返回最小值的第 1 个数字，形式可以是直接输入的数字、单元格引用或数组。

[number2]：可选参数，表示要返回最小值的第 2 个数字，形式可以是直接输入的数字、单元格引用或数组。

以此类推，最多可包含 255 个参数。

(4) 注意事项：如果在 MIN 函数中直接输入参数的值，那么数字、文本型数字、逻辑值或日期等都将被计算在内；如果参数中输入文本，则 MIN 函数将会返回错误值"♯VALUE!"。

如果使用单元格引用或数组作为 MIN 函数的参数，那么只有数字会被计算在内，其他类型的值将被忽略，空白单元格也将被忽略。如果参数中不包含数字，则 MIN 函数返回 0。

**13. MINA 函数**

(1) 函数功能：MINA 函数用于返回一组非空单元格中的最小值。

(2) 语法格式：MINA(number1,[number2],…)。

(3) 参数说明如下。

number1：必需参数，表示要返回非空单元格中最小值的第 1 个数字，形式可以是直接输入的数字、单元格引用或数组。

[number2]：可选参数，表示要返回非空单元格中最小值的第 2 个数字，形式可以是直接输入的数字、单元格引用或数组。

以此类推，最多可包含 255 个参数。

(4) 注意事项：如果在 MINA 函数中直接输入参数的值，那么数字和逻辑值都将被计算在内,文本型数字将被忽略;如果参数中输入文本,则 MINA 函数返回错误值"♯ VALUE!"。

如果使用单元格引用或数组作为 MINA 函数的参数,则数字和逻辑值都将被计算在内,文本型数字和文本都将按 0 计算,使 MINA 函数返回错误值"♯VALUE!"。如果参数中不包含数字,则 MINA 函数返回 0。

**14. RANK 函数**

(1) 函数功能:RANK 函数用于返回一个数字在一组数字中的排位。

(2) 语法格式:RANK(number,ref,[order])。

(3) 参数说明如下。

number:必需参数,表示需要找到排位的数字,形式可以是直接输入的数字或单元格引用。

ref:必需参数,表示 number 参数在此排位的数字列表,可以是数组或单元格区域。

[order]:可选参数,表示指明排位的方式,1 表示升序,0 或忽略表示降序;如果该参数为文本,则 RANK 函数返回错误值"♯VALUE!"。

(4) 注意事项:RANK 函数为美式排位,即重复数字的排位相同,但是结果会影响后续数字的排位。例如,在一列升序排列的数字中,5 在数字列表中出现了两次,其排位为 5,那么数字 6 的排位为 7,因为第 2 次出现的 5 占用了 6 的位置。

**15. MODE 函数**

(1) 函数功能:MODE 函数用于返回在某数据区域中出现频率最多的数值,即众数。

(2) 语法格式:MODE(number1,[number2],...)。

(3) 参数说明如下。

number1:必需参数,表示要返回众数的第 1 个数字,形式可以是直接输入的数字、单元格引用或数组。

[number2]:可选参数,表示要返回众数的第 2 个数字,形式可以是直接输入的数字、单元格引用或数组。

以此类推,最多可包含 255 个参数。

(4) 注意事项:如果在 MODE 函数中直接输入参数的值,那么参数必须为数字;如果参数中输入文本、文本型数字或逻辑值,则 MODE 函数返回错误值"♯VALUE!"。

如果使用单元格引用或数组作为 MODE 函数的参数,那么参数必须为数字,其他类型的值都将被忽略。如果参数中不包含重复数据,则 MODE 函数返回错误值"♯N/A"。

**16. LARGE 函数**

(1) 函数功能:LARGE 函数用于返回数据列表中第 k 个最大值。

(2) 语法格式:LARGE(array,k)。

(3) 参数说明如下。

array:必需参数,表示需要返回第 k 个最大值的单元格区域或数组。

k:必需参数,表示 LARGE 函数的返回值在 array 参数中的排位。k 为 1,表示返回最大值;k 为 2,表示返回第 2 个最大值,以此类推,按从大到小的顺序返回。

(4) 注意事项:如果 array 参数为空,k 参数小于或等于 0,或者 k 大于单元格区域或数组中数值的个数,则 LARGE 函数将返回错误值"♯NUM!"。

### 17. SMALL 函数

（1）函数功能：SMALL 函数用于返回数据列表中第 k 个最小值。

（2）语法格式：SMALL(array,k)。

（3）参数说明如下。

array：必需参数，表示需要返回第 k 个最小值的单元格区域或数组。

k：必需参数，表示 SMALL 函数的返回值在 array 参数中的排位。k 为 1，表示返回最小值；k 为 2，表示返回第 2 个最小值，以此类推，按从小到大的顺序返回。

（4）注意事项：如果 array 参数为空，k 参数小于或等于 0，或者 k 大于单元格区域或数组中数值的个数，则 SMALL 函数将会返回错误值"♯NUM!"。

### 18. TRIMMEAN 函数

（1）函数功能：TRIMMEAN 函数用于返回数据列表的内部平均值。先从数据列表中的头、尾去除一定百分比的数据点，再求平均值。

（2）语法格式：TRIMMEAN(array,percent)。

（3）参数说明如下。

array：必需参数，表示要经过去除数据点之后再计算内部平均值的单元格区域或数组。

percent：必需参数，表示计算时所要去除的数据点的比例，既可以是分数，也可以是小数。

（4）注意事项：如果 percent 参数小于 0 或者大于 1，则 TRIMMEAN 函数将会返回错误值"♯NUM!"。TRIMMEAN 函数将去除的数据点的个数以接近 0 的方向舍入为 2 的倍数，这样可以保证 percent 参数始终为偶数。比如 percent 参数为 0.1，而数据点有 10 个，那么就会将 percent 参数的值舍入为 0，因此 TRIMMEAN 函数将不去除数据点数。此参数亦可直接作为分数输入，更方便记忆，分母为全部的数据点数，分子为要去除的数据点数。

## 二、逻辑函数

逻辑函数可以根据给出的条件进行真假判断，并根据判断结果返回用户指定的内容。在 Excel 中常用的逻辑函数有多个，这里将分别介绍各逻辑函数的功能、语法格式、参数说明和注意事项。

### 1. IF 函数

（1）函数功能：IF 函数用于在公式中设置判断条件，通过判断条件是否成立返回逻辑值 TRUE 或 FALSE，然后根据判断结果返回不同的值。

（2）语法格式：IF(logicA1_test,[value_if_true],[value_if_false])。

（3）参数说明如下。

logicA1_test：必需参数，表示要进行判断的值或逻辑表达式，计算结果为 TRUE 或 FALSE，成立返回 TRUE，不成立返回 FALSE。例如，1>2 是一个表达式，那么该表达式的结果是 FALSE，因为 1 不大于 2，所以表达式不成立。

[value_if_true]：可选参数，表示当 logicA1_test 参数的结果为 TRUE 时返回的值。如果 logicA1_test 参数的结果为 TRUE，并且[value_if_true]参数为空，那么 IF 函数将返回 0。例如，IF(1<2,"错误")，该公式返回 0，因为[value_if_true]参数的位置为空。

[value_if_false]：可选参数，表示当 logicA1_test 参数的结果为 FALSE 时返回的值。如果 logicA1_test 参数的结果为 FALSE，并且[value_if_false]参数忽略，则 IF 函数返回逻

辑值 FALSE。例如,IF(1>2,"正确"),该公式将返回 FALSE;如果[value_if_false]参数为空,但保留其参数位置,则 IF 函数返回 0,例如,IF(1>2,"正确"),该公式返回 0。

(4)注意事项:如果需要创建判断条件复杂的公式,可以使用 IF 函数嵌套,IF 函数最多可嵌套 64 层。但为了简化公式,在需要使用很多层 IF 函数嵌套时,一般并不会使用 IF 函数嵌套,而是使用 LOOKUP 函数或者 VLOOKUP 函数模糊匹配。

**2. AND 函数**

(1)函数功能:AND 函数用于判断多个条件是否同时成立。如果所有参数的结果都返回逻辑值 TRUE,那么 AND 函数将返回 TRUE;但只要其中一个参数的结果返回逻辑值 FALSE,AND 函数就会返回 FALSE。

(2)语法格式:AND(logicA11,[logicA12],…)。

(3)参数说明如下。

logicA11:必需参数,表示第 1 个要进行判断的条件。

[logicA12]:可选参数,表示第 2 个要进行判断的条件。

以此类推,最多可包含 255 个参数。

(4)注意事项:AND 函数的参数可以是逻辑值 TRUE 或 FALSE,或者可以转换为逻辑值的表达式,数字 0 等同于逻辑值 FALSE,非 0 等同于逻辑值 TRUE。如果 AND 函数的参数是直接输入的非逻辑值,则 AND 函数返回错误值"♯VALUE!"。

**3. OR 函数**

(1)函数功能:OR 函数用于判断多个条件中是否至少有任意一个条件成立。只要有一个参数的结果返回逻辑值 TRUE,OR 函数就会返回 TRUE;如果所有参数都为逻辑值 FALSE,则 OR 函数才返回 FALSE。

(2)语法格式:OR(logicA11,[logicA12],…)。

(3)参数说明如下。

logicA11:必需参数,表示第 1 个要进行判断的条件。

[logicA12]:可选参数,表示第 2 个要进行判断的条件。

以此类推,最多可包含 255 个参数。

(4)注意事项:OR 函数的参数可以是逻辑值 TRUE 或 FALSE,或者可以转换为逻辑值的表达式,数字 0 等同于逻辑值 FALSE,非 0 等同于逻辑值 TRUE。如果 OR 函数的参数是直接输入的非逻辑值,则 OR 函数将返回错误值"♯VALUE!"

**4. NOT 函数**

(1)函数功能:NOT 函数用于对逻辑值求反。如果逻辑值为 FALSE,NOT 函数就会返回 TRUE;相反,如果逻辑值为 TRUE,则 NOT 函数返回 FALSE。

(2)语法格式:NOT(logicA1)。

(3)参数说明:logicA1 为必需参数,表示一个要进行判断的条件。

(4)注意事项:NOT 函数的参数可以是逻辑值 TRUE 或 FALSE,或者是可以转换为逻辑值的表达式,数字 0 等同于逻辑值 FALSE,非 0 等同于逻辑值 TRUE。如果 NOT 函数的参数是直接输入的非逻辑值,则 NOT 函数将返回错误值"♯VALUE!"。

**5. XOR 函数**

(1)函数功能:XOR 函数用于判断多个条件中是否有一个条件成立。如果进行判断的条件都为 TRUE 或都为 FALSE,XOR 函数就会返回 FALSE;否则 XOR 函数返回 TRUE。

(2) 语法格式:XOR(logicA11,[logicA12],...)。

(3) 参数说明如下。

logicA11:必需参数,表示第 1 个要进行判断的条件。

[logicA12]:可选参数,表示第 2 个要进行判断的条件。

以此类推,最多可包含 255 个参数。

(4) 注意事项:XOR 函数的参数可以是逻辑值 TRUE 或 FALSE,或者是可以转换为逻辑值的表达式,数字 0 等同于逻辑值 FALSE,非 0 等同于逻辑值 TRUE。如果 XOR 函数的参数是直接输入的非逻辑值,则 XOR 函数将返回错误值"♯VALUE!"。

**6. IFNA 函数**

(1) 函数功能:IFNA 函数用于检测公式的计算结果是否为错误值"♯N/A"。如果是,则返回用户指定希望返回的内容;如果不是,则返回公式的计算结果。

(2) 语法格式:IFNA(value,value_if_na)。

(3) 参数说明如下。

value:必需参数,用于判断是否为错误值"♯N/A"的公式。

value_if_na:必需参数,表示如果公式计算结果为错误值 ♯N/A,则用户希望 IFNA 函数返回的内容。

(4) 注意事项:IFNA 函数只能检测"♯N/A"这一种错误值,而无法检测其他类型的错误值。

**7. IFERROR 函数**

(1) 函数功能:IFERROR 函数用于检测公式的计算结果是否为错误值。如果是,则返回用户指定希望返回的内容;如果不是,则返回公式的计算结果。

(2) 语法格式:IFERROR(value,value_if_error)。

(3) 参数说明如下。

value:必需参数,表示要判断是否为错误值的公式。

value_if_error:必需参数,表示如果公式计算结果为错误值,则用户希望 IFERROR 函数返回的内容。

(4) 注意事项:IFERROR 函数可以检测全部类型的错误值,包括错误值"♯N/A"。

# 三、信息函数

信息函数用来返回某些指定单元格或区域的信息,比如单元格的内容、格式等。以下将介绍常用的信息函数,分别对它们的函数功能、语法格式、参数说明等作出说明。

**1. ISNUMBER 函数**

(1) 函数功能:ISNUMBER 函数用于判断数据内容是否为数字。如果是,则 ISNUMBER 函数返回 TRUE;如果不是,则 ISNUMBER 函数返回 FALSE。

(2) 语法格式:ISNUMBER(value)。

(3) 参数说明:value 为必需参数,表示要判断是否为数字的数据内容。

**2. ISTEXT 函数**

(1) 函数功能:ISTEXT 函数用于判断值是否为文本。如果是,则 ISTEXT 函数返回

TRUE;如果不是,则 ISTEXT 函数返回 FALSE。

(2) 语法格式:ISTEXT(value)。

(3) 参数说明:value 为必需参数,表示要判断是否为文本的值。

### 3. ISEVEN 函数

(1) 函数功能:ISEVEN 函数用于判断数字是否为偶数。如果是,则 ISEVEN 函数返回 TRUE;如果不是,则 ISEVEN 函数返回 FALSE。

(2) 语法格式:ISEVEN(value)。

(3) 参数说明:value 为必需参数,表示要判断是否为偶数的数字。

(4) 注意事项:ISEVEN 函数的参数必须是数字、文本型数字,如果是文本,则 ISEVEN 函数返回错误值"♯VALUE!"。

### 4. ISODD 函数

(1) 函数功能:ISODD 函数用于判断数字是否为奇数。如果是,则 ISODD 函数返回 TRUE;如果不是,则 ISODD 函数返回 FALSE。

(2) 语法格式:ISODD(value)。

(3) 参数说明:value 为必需参数,表示要判断是否为奇数的数字。

(4) 注意事项:参数必须是数字、文本型数字或逻辑值,如果是文本,则 ISODD 函数返回错误值"♯VALUE!"。

### 5. ISBLANK 函数

(1) 函数功能:ISBLANK 函数用于判断单元格是否为空。如果为空,则 ISBLANK 函数返回逻辑值 TRUE;如果不为空,则 ISBLANK 函数返回 FALSE。

(2) 语法格式:ISBLANK(value)。

(3) 参数说明:value 为必需参数,表示要判断是否为空的单元格。

(4) 注意事项:对于包含各种空白符号、换行符或空白文本("")的单元格,ISBLANK 函数都将返回 FALSE。

### 6. ISLOGICAL 函数

(1) 函数功能:ISLOGICAL 函数用于判断值是否为逻辑值。如果是,则 ISLOGICAL 函数返回 TRUE;如果不是,ISLOGICAL 函数返回 FALSE。

(2) 语法格式:ISLOGICAL(value)。

(3) 参数说明:value 为必需参数,表示要判断是否为逻辑值的值。

### 7. ISFORMULA 函数

(1) 函数功能:ISFORMULA 函数用于判断单元格是否包含公式。如果包含公式,则 ISFORMULA 函数返回 TRUE;如果不包含公式,则 ISFORMULA 函数返回 FALSE。

(2) 语法格式:ISFORMULA(value)。

(3) 参数说明:value 为必需参数,表示要判断其中是否包含公式的单元格引用或名称。

(4) 注意事项:如果 ISFORMULA 函数引用的不是有效的数据类型,例如引用了未定义的名称,则 ISFORMULA 函数将返回错误值"♯VALUE!"。

(5) 函数版本:ISFORMULA 函数是从 Excel 2013 版本开始的新增函数,在更早的版本中无法使用。

**8. ISREF 函数**

（1）函数功能：ISREF 函数用于判断值是否为单元格引用。如果是，则 ISREF 函数返回 TRUE；如果不是，则 ISREF 函数返回 FALSE。

（2）语法格式：ISREF(value)。

（3）参数说明：value 为必需参数，表示要判断是否为单元格引用的值。

**9. ISNA 函数**

（1）函数功能：ISNA 函数用于判断公式的返回结果是否为错误值"♯N/A"。如果是，则 ISNA 函数返回 TRUE；如果不是，则 ISNA 函数返回 FALSE。

（2）语法格式：ISNA(value)。

（3）参数说明：value 为必需参数，表示要判断返回结果是否为错误值"♯N/A"的公式。

（4）注意事项：ISNA 函数只能判断"♯N/A"一种错误值，不能判断其他类型的错误值。

**10. ISERR 函数**

（1）函数功能：ISERR 函数用于判断公式的返回结果是否为除"♯N/A"以外的其他的错误值。如果是，则 ISERR 函数返回 TRUE；如果不是，则 ISERR 函数返回 FALSE。

（2）语法格式：ISERR(value)。

（3）参数说明：value 为必需参数，表示要判断返回结果是否为除"♯N/A"以外其他错误值的公式。

**11. ISERROR 函数**

（1）函数功能：ISERROR 函数用于判断公式的返回结果是否为错误值。如果是，则 ISERROR 函数返回 TRUE；如果不是，则 ISERROR 函数返回 FALSE。ISERROR 函数可用于判断全部类型的错误值。

（2）语法格式：ISERROR(value)。

（3）参数说明：value 为必需参数，表示要判断返回结果是否为错误值的值。

# 四、数学函数

数学函数是 Excel 中非常重要的函数，使用数学函数可以对数据进行快速的处理和计算，如取整、舍入、求和等，这里将详细介绍各数据函数的功能、语法格式、参数说明和注意事项等。

**1. ABS 函数**

（1）函数功能：ABS 函数用于返回数字的绝对值，正数和 0 返回本身，负数返回相反数。

（2）语法格式：ABS(number)。

（3）参数说明：number 为必需参数，表示要返回绝对值的数字，可以是输入的数字或单元格引用。

（4）注意事项：参数必须为数字、文本型数字或逻辑值，如果是文本，则返回错误值"♯VALUE!"。

**2. SUM 函数**

（1）函数功能：SUM 函数用于计算数字的总和，是 Excel 中最常用的函数之一。

（2）语法格式：SUM(number1,[number2],...)。

（3）参数说明如下。

number1：必需参数，表示要求和的第 1 个数字，形式可以是直接输入的数字、单元格引用或数组。

[number2]：可选参数，表示要求和的第 2 个数字，形式可以是直接输入的数字、单元格引用或数组。

以此类推，最多可以包含 255 个参数。

（4）注意事项：如果在 SUM 函数中直接输入参数的值，那么参数必须为数字、文本型数字或逻辑值；如果是文本，则 SUM 函数返回错误值"＃VALUE!"。

如果使用单元格引用或数组作为 SUM 函数的参数，那么参数必须为数字，其他类型的值都将被忽略。

**3. SUMIF 函数**

（1）函数功能：SUMIF 函数用于计算单元格区域中符合某个指定条件的所有数字的总和。

（2）语法格式：SUMIF(range,criteria,[sum_range])。

（3）参数说明如下。

range：必需参数，表示要进行条件判断的单元格区域。

criteria：必需参数，表示要进行判断的条件，形式可以是数字、文本字符串或表达式。比较运算符和文本字符串必须用英文半角的双引号括起来。

[sum_range]：可选参数，表示根据条件判断的结构要进行计算的单元格区域。如果省略，则使用 range 参数的单元格区域。该参数可以简写，即只写出该区域左上角的单元格，SUMIF 函数会自动从该单元格扩展相应的区域范围。

（4）注意事项：可以在 criteria 参数中使用通配符问号"?"和星号"＊"，"?"用于匹配任意一个字符，"＊"用于匹配任意多个字符。

range 参数和[sum_range]参数必须为单元格引用，不能是数组。

**4. SUMIFS 函数**

（1）函数功能：SUMIFS 函数用于计算单元格区域中符合多个指定条件的数字的总和。

（2）语法格式：SUMIFS(sum_range,criteria_range1,criteria1,[criteria_range2],[criteria2],...)。

（3）参数说明如下。

sum_range：必需参数，表示要求和的单元格区域。

criteria_range1：必需参数，表示作为条件要进行判断的第 1 个单元格区域。

criteria1：必需参数，表示要进行判断的第 1 个条件，形式可以是数字、文本或表达式。比较运算符和文本字符串必须用英文半角的双引号括起来。

[criteria_range2]：可选参数，表示作为条件要进行判断的第 2 个单元格区域。

[criteria2]：可选参数，表示要进行判断的第 2 个条件，形式可以是数字、文本或表达

式。比较运算符和文本字符串必须用英文半角的双引号括起来。

以此类推,最多可以包含 127 对区域/条件值。

(4) 注意事项:如果 sum_range 参数中包含逻辑值,则 TRUE 按 1 计算,FALSE 按 0 计算。

criteria 参数可以使用通配符问号"?"和星号"＊","?"代表任意一个字符,"＊"代表任意多个字符。

SUMIFS 函数中的参数不能简写,求和区域与条件区域的大小和形状必须一致,否则公式将会出错。

**5. SUBTOTAL 函数**

(1) 函数功能:SUBTOTAL 函数用于返回列表中的分类汇总。

(2) 语法格式:SUBTOTAL(function_num,ref1,[ref2],...)。

(3) 参数说明如下。

function_num:必需参数,表示要对列表进行汇总的方式,为 1~11(包含隐藏值,忽略筛选值)或 101~111(忽略隐藏值和筛选值)之间的数字。该参数的具体取值及其对应函数见表 4.11。

表 4.11　function_num 参数的取值及对应函数

| function_num 参数 | | 对应函数 | 函 数 功 能 |
|---|---|---|---|
| 包含隐藏值 | 忽略隐藏值 | | |
| 1 | 101 | AVERAGE | 统计平均值 |
| 2 | 102 | COUNT | 统计数值单元格数 |
| 3 | 103 | COUNTA | 统计非空单元格数 |
| 4 | 104 | MAX | 统计最大值 |
| 5 | 105 | MIN | 统计最小值 |
| 6 | 106 | PRODUCT | 乘积 |
| 7 | 107 | STDEV | 统计标准偏差 |
| 8 | 108 | STDEVP | 统计总体标准偏差 |
| 9 | 109 | SUM | 求和 |
| 10 | 110 | VAR | 统计方差 |
| 11 | 111 | VARP | 统计总体方差 |

ref1:必需参数,表示要进行统计的第 1 个区域。

[ref2]:可选参数,表示要进行统计的第 2 个区域。

以此类推,最多可包含 254 个区域。

(4) 注意事项:function_num 参数必须为 1~11 或 101~111 以内的数字,如果是文本,则 SUBTOTAL 函数返回错误值"VALUE!"。

SUBTOTAL 函数只能用于数据列或垂直区域,不能用于数据行或水平区域。当 function_num 参数的值在 101~111,且 ref 参数引用了包含隐藏列的多列时,SUBTOTAL 函数仍然会对包含隐藏列在内的所有列进行统计。

**6. SUMPRODUCT 函数**

(1) 函数功能:SUMPRODUCT 函数用于计算几组对应的数组或单元格区域的乘积之和。

(2) 语法格式：SUMPRODUCT(array1,[array2],[array3],…)。

(3) 参数说明如下。

array1：必需参数，表示要参与计算的第 1 个数组或区域。

[array2]：可选参数，表示要参与计算的第 2 个数组或区域。

[array3]：可选参数，表示要参与计算的第 3 个数组或区域。

以此类推，最多可包含 255 个数组或区域。

(4) 注意事项：SUMPRODUCT 函数如果只有一个参数，则直接返回该参数中的各元素之和。如果包含多个参数，那么每个参数之间的尺寸必须相同，否则 SUMPRODUCT 函数将返回错误值“♯VALUE!”。例如第 1 个参数为 A2：A5，那么第 2 个参数为 B2：B5 或 B3：B6，而不能是 B2：B6。

如果参数中包含非数值类型的数据，则 SUMPRODUCT 函数将其按 0 处理。

**7. INT 函数**

(1) 函数功能：INT 函数用于将数字无条件向下舍入到最接近原值并小于原值的整数，无论原值是正数还是负数。

(2) 语法格式：INT(number)。

(3) 参数说明如下。

number：必需参数，表示要向下舍入取整的数字，形式可以是直接输入的数字、单元格引用或数组。

(4) 注意事项：参数必须为数字、文本型数字或逻辑值。如果是文本，则 INT 函数返回错误值“♯VALUE!”。

**8. TRUNC 函数**

(1) 函数功能：TRUNC 函数用于截去数字的一部分。

(2) 语法格式：TRUNC(number,[num_digits])

(3) 参数说明如下。

number：必需参数，表示要截去小数部分的数字，可以是直接输入的数值或单元格引用。

[num_digits]：可选参数，表示要保留的数字位数，如果忽略，则只保留整数部分。当该参数为正数时，其值作用在小数点的右边，决定要保留的小数位数；当该参数为负数时，其值作用于小数点的左边，决定要保留的整数位数。例如，TRUNC(56.59,1)返回结果为 56.5，而 TURNC(56.59,-1)返回结果为 50。该参数的具体取值与 TRUNC 函数的返回值见表 4.12。

表 4.12　[num_digits]参数的具体取值与 TRUNC 函数的返回值

| 要舍入的数字 | num_digits 参数值 | TRUNC 函数返回值 |
| --- | --- | --- |
| 165.258 | 2 | 165.25 |
| 165.258 | 1 | 165.2 |
| 165.258 | 0 | 165 |
| 165.258 | -1 | 160 |
| 165.258 | -2 | 100 |

续表

| 要舍入的数字 | num_digits 参数值 | TRUNC 函数返回值 |
|---|---|---|
| −165.258 | 2 | −165.25 |
| −165.258 | 1 | −165.2 |
| −165.258 | 0 | −165 |
| −165.258 | −1 | −160 |
| −165.258 | −2 | −100 |

（4）注意事项：TRUNC 函数的参数必须为数字、文本型数字或逻辑值。如果是文本，则 TRUNC 函数返回错误值"＃VALUE!"。

TRUNC 函数与 INT 函数都可以返回整数，但是在处理负数上有所不同，TRUNC 函数不论正负，都只是截掉一部分，保留的部分与原值相同。而 INT 函数对于负数会返回最接近原值且小于原值的整数。例如，TRUNC(−4.5)返回结果为−4，而 INT(−4.5)返回结果为−5。

**9. MOD 函数**

（1）函数功能：MOD 函数用于计算两个数字相除的余数。

（2）语法格式：MOD(number,divisor)。

（3）参数说明如下。

number：必需参数，表示被除数，形式可以是直接输入的数字、单元格引用或数组。

divisor：必需参数，表示除数，形式可以是直接输入的数字、单元格引用或数组。如果该参数为 0，则 MOD 函数返回错误值"＃DIV/0!"。

（4）注意事项：number 和 divisor 参数都必须为数字、文本型数字或逻辑值。如果是文本，MOD 函数返回错误值"＃VALUE!"。

如果 number 和 divisor 参数都为正数或都为负数，则 MOD 函数求余的部分；如果两个参数为一负一正，则 MOD 函数求差的部分。

MOD 函数计算结果的正负号与除数相同。

**10. ROUND 函数**

（1）函数功能：ROUND 函数用于对数字进行四舍五入，并指定要保留的位数。

（2）语法格式：ROUND(number,num_digits)。

（3）参数说明如下。

number：必需参数，表示要四舍五入的数字，可以是直接输入的数字、单元格引用或数组。

num_digits：必需参数，表示最终要保留的数字位数。如果该参数大于 0，则 ROUND 函数四舍五入到指定的小数位；如果该参数等于 0 或省略，则 ROUND 函数四舍五入到最接近的整数；如果该参数小于 0，则 ROUND 函数在小数点左侧对整数部分进行四舍五入。该参数的具体取值与 ROUND 函数返回值情况见表 4.13。

（4）注意事项：number 和 num_digits 参数必须为数字、文本型数字或逻辑值，如果是文本，则 ROUND 函数返回错误值"＃VALUE!"。

表 4.13　num_digits 参数的取值与 ROUND 函数的返回值

| 要舍入的数字 | num_digits 参数值 | ROUND 函数返回值 |
|---|---|---|
| 165.258 | 2 | 165.26 |
| 165.258 | 1 | 165.3 |
| 165.258 | 0 | 165 |
| 165.258 | −1 | 170 |
| 165.258 | −2 | 200 |
| −165.258 | 2 | −165.26 |
| −165.258 | 1 | −165.3 |
| −165.258 | 0 | −165 |
| −165.258 | −1 | −170 |
| −165.258 | −2 | −200 |

**11. ROUNDUP 函数**

（1）函数功能：ROUNDUP 函数用于将数字朝着远离 0（绝对值增大）的方向向上舍入，并指定要保留的位数。

（2）语法格式：ROUNDUP(number,num_digits)。

（3）参数说明如下。

number：必需参数，表示要向上舍入的数字，形式可以是直接输入的数字、单元格引用或数组。

num_digits：必需参数，表示最终要保留的数字位数。如果该参数大于 0，则 ROUNDUP 函数向上舍入到指定的小数位；如果该参数等于 0 或省略，则 ROUNDUP 函数向上舍入到最接近的整数；如果该参数小于 0，则 ROUNDUP 函数对小数点左侧的整数部分进行向上舍入。该参数的具体取值与 ROUNDUP 函数返回值情况见表 4.14。

表 4.14　num_digits 参数取值与 ROUNDUP 函数返回值

| 要舍入的数字 | num_digits 参数值 | ROUNDUP 函数返回值 |
|---|---|---|
| 165.258 | 2 | 165.26 |
| 165.258 | 1 | 165.3 |
| 165.258 | 0 | 166 |
| 165.258 | −1 | 170 |
| 165.258 | −2 | 200 |
| −165.258 | 2 | −165.26 |
| −165.258 | 1 | −165.3 |
| −165.258 | 0 | −166 |
| −165.258 | −1 | −170 |
| −165.258 | −2 | −200 |

（4）注意事项：number 和 num_digits 参数必须是数字、文本型数字或逻辑值，如果是文本，则 ROUNDUP 函数返回错误值"♯VALUE!"。

### 12. ROUNDDOWN 函数

(1) 函数功能：ROUNDDOWN 函数用于将数字朝着 0(绝对值减小)的方向向下舍入，并指定要保留的位数。

(2) 语法格式：ROUNDDOWN(number,num_digits)。

(3) 参数说明如下。

number：必需参数，表示要向下舍去的数字，形式可以是直接输入的数字、单元格引用或数组。

num_digits：必需参数，表示最终要保留的数字位数。如果该参数大于 0,则 ROUNDDOWN 函数向下舍去到指定的小数位；如果该参数等于 0,则 ROUNDDOWN 函数向下舍去到最接近的整数；如果该参数小于 0,则 ROUNDDOWN 函数对小数点左侧的整数部分进行向下舍去。该参数的具体取值与 ROUNDDOWN 函数返回值情况见表 4.15。

表 4.15　num_digits 参数取值与 ROUNDDOWN 函数返回值

| 要舍入的数字 | num_digits 参数值 | ROUNDDOWN 函数返回值 |
| --- | --- | --- |
| 165.258 | 2 | 165.25 |
| 165.258 | 1 | 165.2 |
| 165.258 | 0 | 165 |
| 165.258 | −1 | 160 |
| 165.258 | −2 | 100 |
| −165.258 | 2 | −165.25 |
| −165.258 | 1 | −165.2 |
| −165.258 | 0 | −165 |
| −165.258 | −1 | −160 |
| −165.258 | −2 | −100 |

(4) 注意事项：number 和 num_digits 参数必须为数字、文本型数字或逻辑值，如果是文本，则 ROUNDDOWN 函数返回错误值"♯VALUE!"。

### 13. CEILING 函数

(1) 函数功能：CEILING 函数用于将数字沿绝对值增大的方向向上舍入为最接近的指定基数的倍数。

(2) 语法格式：CEILING(number,significance)。

(3) 参数说明如下。

number：必需参数，表示要进行舍入计算的数字，形式可以是直接输入的数字、单元格引用或数组。

significance：必需参数，表示指定的基数。该参数的具体取值与 CEILING 函数返回值情况见表 4.16。

表 4.16　**significance 参数取值与 CEILING 函数返回值**

| 要舍入的数字 | significance 参数值 | CEILING 函数返回值 |
|---|---|---|
| 21 | 1 | 21 |
| 21 | 2 | 22 |
| 21 | 3 | 21 |
| 21 | −1 | ♯NUM! |
| 21 | −2 | ♯NUM! |
| 21 | −3 | ♯NUM! |
| −21 | 1 | −21 |
| −21 | 2 | −20 |
| −21 | 3 | −21 |
| −21 | −1 | −21 |
| −21 | −2 | −22 |
| −21 | −3 | −21 |

（4）注意事项：number 和 significance 参数必须是数字、文本型数字或逻辑值，如果是文本，则 CEILING 函数返回错误值"♯VALUE!"。

如果 number 和 significance 参数的符号一致，则 CEILING 函数对 number 参数按绝对值增大的方向舍入。

如果 number 参数为正，且 significance 参数为负，则 CEILING 函数将返回错误值"♯NUM!"。

如果 number 参数为负，且 significance 参数为正，则 CEILING 函数对 number 参数按绝对值减小的方向舍入。

但在 Excel 2007 及更早的版本中，number 和 significance 参数的符号必须一致，否则 CEILING 函数将返回错误值"♯NUM!"。

**14. FLOOR 函数**

（1）函数功能：FLOOR 函数用于将数字沿绝对值减小的方向向下舍入为最接近的指定基数的倍数。

（2）语法格式：FLOOR(number,significance)。

（3）参数说明如下。

number：必需参数，表示要进行舍入计算的数字，形式可以是直接输入的数字、单元格引用或数组。

significance：必需参数，表示指定的基数。该参数的具体取值与 FLOOR 函数返回值情况见表 4.17。

表 4.17　**significance 参数取值与 FLOOR 函数返回值**

| 要舍入的数字 | significance 参数值 | FLOOR 函数返回值 |
|---|---|---|
| 21 | 1 | 21 |
| 21 | 2 | 20 |
| 21 | 3 | 21 |

续表

| 要舍入的数字 | significance 参数值 | FLOOR 函数返回值 |
| --- | --- | --- |
| 21 | −1 | ♯NUM! |
| 21 | −2 | ♯NUM! |
| 21 | −3 | ♯NUM! |
| −21 | 1 | −21 |
| −21 | 2 | −22 |
| −21 | 3 | −21 |
| −21 | −1 | −21 |
| −21 | −2 | −20 |
| −21 | −3 | −21 |

(4) 注意事项：number 和 significance 参数必须是数字、文本型数字或逻辑值，如果是文本，则 FLOOR 函数返回错误值"♯VALUE!"。

如果 number 和 significance 参数的符号一致，则 FLOOR 函数对 number 参数按绝对值减小的方向舍入。

如果 number 参数为正，且 significance 参数为负，则 FLOOR 函数将返回错误值"♯NUM!"。

如果 number 参数为负，且 significance 参数为正，则 FLOOR 函数对 number 参数按绝对值增大的方向舍入。

但在 Excel 2007 及更早的版本中，number 和 significance 参数的符号必须一致，否则 FLOOR 函数将返回错误值"♯NUM!"。

**15. RANDBETWEEN 函数**

(1) 函数功能：RANDBETWEEN 函数返回位于两个指定数字之间的一个随机整数，并且在每次计算工作表时都将返回一个新的随机整数。

(2) 语法格式：RANDBETWEEN(bottom,top)。

(3) 参数说明如下。

bottom：必需参数，表示要返回的最小整数，形式可以是直接输入的数字、日期文本或单元格引用。日期文本必须用英文半角的双引号括起来。

top：必需参数，表示要返回的最大整数，形式可以是直接输入的数字、日期文本或单元格引用。日期文本必须用英文半角的双引号括起来。

(4) 注意事项：RANDBETWEEN 函数的参数必须是数字、文本型数字或逻辑值，如果是文本，则 RANDBETWEEN 函数返回错误值"♯VALUE!"。top 参数不能小于 bottom 参数，否则 RANDBETWEEN 函数将返回错误值"♯NUM!"。如果参数中包含了小数，则 RANDBETWEEN 函数将会自动对小数截尾取整，只保留整数部分。

**16. N 函数**

(1) 函数功能：N 函数用于将数据内容转换为数值。

(2) 语法格式：N(value)。

(3) 参数说明如下。

value：必需参数，表示要转换的值，不同数据类型的值经过 N 函数转换后会返回不同的值，具体转换情况见表 4.18。

表 4.18　value 参数值及 N 函数返回值

| value 参数值 | N 函数返回值 |
| --- | --- |
| 89 | 89 |
| −89 | −89 |
| 50 | 0 |
| Excel | 0 |
| TRUE | 1 |
| FALSE | 0 |
| ♯DIV/0! | ♯DIV/0! |
| 42179 | 42179 |

注：此表中的 value 参数值"50"是文本型数值。

# 五、文本函数

文本函数可以对文本字符串进行各种操作，例如提取文本、合并文本、转换数据类型等，功能非常强大。这里将详细介绍常用文本函数的功能、语法格式、参数说明及注意事项等。

**1. LEN 和 LENB 函数**

（1）函数功能：LEN 函数用于计算文本中的字符个数。LENB 函数用于计算文本中的字节数。一个全角字符等于两字节，一个半角字符等于一字节，一个汉字等于两字节。

（2）语法格式：LEN(text)，LENB(text)。

（3）参数说明：text 为必需参数，表示要计算字符个数（字节数）的文本，形式可以是直接输入的文本、数字、单元格引用或数组。

**2. LEFT 和 LEFTB 函数**

（1）函数功能：LEFT 函数用于从文本的第 1 个字符开始提取指定个数的字符。LEFTB 函数用于从文本的第 1 个字符开始提取指定个数的字节。

（2）语法格式：LEFT(text,[num_chars])，LEFTB(text,[num_chars])。

（3）参数说明如下。

text：必需参数，表示要从中提取字符（字节）的文本，形式可以是直接输入的文本、数字、单元格引用或数组。

[num_chars]：可选参数，表示要提取的字符（字节）个数，如果忽略该参数，则默认为提取 1 个。

（4）注意事项：[num_chars]参数必须大于或等于 0，如果小于 0，则 LEFT 函数返回错误值"♯VALUE!"。如果该参数等于 0，LEFT 函数返回空文本；如果该参数大于 text 参数的总长度，则 LEFT 函数返回全部文本。

**3. RIGHT 和 RIGHTB 函数**

（1）函数功能：RIGHT 函数用于从文本的最右侧开始提取指定个数的字符。RIGHTB 函数用于从文本的最右侧开始提取指定个数的字节。

(2) 语法格式：RIGHT(text,[num_chars]),RIGHTB(text,[num_chars])。

(3) 参数说明如下。

text：必需参数，表示要从中提取字符(字节)的文本，形式可以是文本、数字、单元格引用或数组。

[num_chars]：可选参数，表示要提取的字符(字节)个数，如果忽略该参数，则默认为提取 1 个。

(4) 注意事项：[num_chars]参数必须大于或等于 0，如果小于 0，则 RIGHT 函数返回错误值"♯VALUE!"。如果该参数等于 0，RIGHT 函数返回空文本；如果该参数大于 text 参数的总长度，则 RIGHT 函数返回全部文本。

### 4. MID 和 MIDB 函数

(1) 函数功能：MID 函数用于从文本中的指定位置开始提取指定个数的字符。MIDB 函数用于从文本中的指定位置开始提取指定个数的字节。

(2) 语法格式：MID(text,start_num,num_chars),MIDB(text,start_num,num_chars)。

(3) 参数说明如下。

text：必需参数，表示要从中提取字符(字节)的文本，形式可以是文本、数字、单元格引用或数组。

start_num：必需参数，表示要提取字符(字节)的起始位置。

num_chars：必需参数，表示要提取的字符(字节)个数。

(4) 注意事项：start_num 参数必须大于或等于 1，如果小于 1，则 MID 函数返回错误值"VALUE!"；如果大于 text 参数的总长度，则 MID 函数返回空文本。

num_chars 参数必须大于或等于 0，如果小于 0，则 MID 函数返回错误值"♯VALUE!"；如果该参数等于 0，MID 函数返回空文本；如果该参数大于 text 参数的总长度，则 MID 函数返回提取的起始位置以后的所有字符。

### 5. FIND 和 FINDB 函数

(1) 函数功能：FIND 函数用于查找指定字符在文本中第 1 次出现的位置，返回一个大于 0 的数字。FINDB 函数用于查找指定字节在文本中第 1 次出现的位置，返回一个大于 0 的数字。

(2) 语法格式：FIND(find_text,within_text,[start_num]),FINDB(find_text,within_text,[start_num])。

(3) 参数说明如下。

find_text：必需参数，表示要查找的字符(字节)。

within_text：必需参数，表示要在其中进行查找的文本。

[start_num]：可选参数，表示要开始查找的值的起始位置，如果省略该参数，则默认从第 1 个字符开始查找。

(4) 注意事项：如果查找不到结果，则 FIND 函数会返回错误值"♯VALUE!"。

[start_num]参数小于 0 或大于 within_text 参数的总长度时，FIND 函数都会返回错误值"♯VALUE!"。

find_text 参数区分大小写，不允许使用通配符。

**6. CONCATENATE 函数**

（1）函数功能：CONCATENATE 函数用于将两个或多个文本连接为一个整体，其功能和文本运算符"&"相同。

（2）语法格式：CONCATENATE(text1,[text2],...)。

（3）参数说明如下。

text1：必需参数，表示第 1 个要合并的内容，形式可以是直接输入的文本、数字或单元格引用。

[text2]：可选参数，表示第 2 个要合并的内容，形式可以是直接输入的文本、数字或单元格引用。

以此类推，最多可包含 255 个参数。

**7. SUBSTITUTE 函数**

（1）函数功能：SUBSTITUTE 函数用于使用新字符替换文本中原来的旧字符。

（2）语法格式：SUBSTITUTE(text,old_text,new_text,[instance_num])。

（3）参数说明如下。

text：必需参数，表示要在其中替换字符的文本。

old_text：必需参数，表示要替换掉的旧字符。

new_text：必需参数，表示要替换成的新字符。

[instance_num]：可选参数，表示要替换掉第几次出现的旧字符，如果省略该参数，则默认替换所有符合条件的字符。

**8. SEARCH 和 SEARCHB 函数**

（1）函数功能：SEARCH 函数与 FIND 函数类似，都是查找某个字符在文本中出现的位置，但是 SEARCH 函数不区分大小写，允许使用通配符。

SEARCHB 函数与 FINDB 函数类似，都是查找某个字节在文本中出现的位置，但是 SEARCHB 函数不区分大小写，允许使用通配符。

（2）语法格式：SEARCH(find_text,within_text,[start_num])，SEARCHB(find_text,within_text,[start_num])

（3）参数说明如下。

find_text：必需参数，表示要查找的字符。

within_text：必需参数，表示要在其中查找的文本。

[start_num]：可选参数，表示要开始查找的起始位置，如果省略该参数，则默认从第 1 个字符开始查找。

（4）注意事项：如果查找不到结果，则 SEARCH 函数返回错误值"#VALUE!"；如果 [start_num] 参数小于 1 或大于 within_text 参数整体的长度，SEARCH 函数也将返回错误值"#VALUE!"。

find_text 参数可以使用通配符问号"?"和星号"*"，"?"代表任意单个字符，"*"代表任意多个字符。如果要查找"?"和"*"本身，则需要在它们之前输入波形符"~"。

**9. REPLACE 和 REPLACEB 函数**

（1）函数功能：REPLACE 函数用于将新字符替换指定位置上的内容。REPLACEB 函数用于将新字节替换指定位置上的内容。

（2）语法格式：REPLACE(old_text,start_num,num_chars,new_text)，REPLACEB(old_text,start_num,num_chars,new_text)。

（3）参数说明如下。

old_text：必需参数，表示要在其中替换旧字符（字节）的文本。

start_num：必需参数，表示要开始替换的起始位置。

num_chars：必需参数，表示要替换掉的字符（字节）个数，如果为 0，则表示在 start_num 参数之前插入新字符（字节）。

new_text：必需参数，表示要替换成的新字符（字节）。

（4）注意事项：如果 start_num 参数或 num_chars 参数小于 0，REPLACE 函数将返回错误值"♯VALUE!"。

### 10. REPT 函数

（1）函数功能：REPT 函数用于按照指定的次数复制文本。

（2）语法格式：REPT(text,number_times)。

（3）参数说明如下。

text：必需参数，表示要复制的文本。

number_times：必需参数，表示要复制的次数，形式可以是直接输入的数字、单元格引用或数组。如果该参数为 0，则 REPT 函数返回空文本；如果该参数为小数，则 REPT 函数自动截尾取整。

（4）注意事项：REPT 函数要复制的字符个数最多不能超过 32767 个，否则返回错误值"♯VALUE!"。

### 11. TRIM 函数

（1）函数功能：TRIM 函数用于删除文本中多余的空格。除了英文单词之间正常的一个空格之外，其他所有多余的空格都会被删除。

（2）语法格式：TRIM(text)。

（3）参数说明：text 为必需参数，表示要删除多余空格的文本，可以是数字、单元格引用或数组。

### 12. CHAR 函数

（1）函数功能：CHAR 函数用于返回与 ANSI 字符编码对应的字符。在计算机中显示的每个字符都有其对应的数字编码，例如，大写字母 A 对应的数字编码是 65，换行符对应的数字编码是 10。用户按住 Alt 键并在小键盘上输入某个字符对应的数字编码即可得到该字符。例如，按住 Alt 键并在小键盘上输入 41420，输入完毕松开 Alt 键，就会得到一个√，在单元格中输入公式"=CHAR(41420)"同样可以得到该字符。

（2）语法格式：CHAR(number)。

（3）参数说明：number 为必需参数，表示 1～255 的数字编码，如果包含小数，就截尾取整，只保留整数部分参与计算（该参数说明使用国际惯例，1～255 为国际通用字符集，后面为各个国家专用字符集，根据操作系统的不同而不同）。

### 13. CODE 函数

（1）函数功能：CODE 函数用于返回对应的 ANSI 字符编码。如果 CODE 函数的参数是一个文本，则 CODE 函数将返回第 1 个字符编码。

（2）语法格式：CODE(text)。

（3）参数说明：text 为必需参数，表示要转换为 ANSI 字符编码的文本。例如，CODE("A")，返回数字 65。

**14. TEXT 函数**

（1）函数功能：TEXT 函数用于把数字设置为指定格式显示的文本，可以说是函数版的自定义数字格式。

（2）语法格式：TEXT(value,format_text)。

（3）参数说明如下。

value：必需参数，表示要设置格式的数字。

format_text：必需参数，表示要为数字设置格式的格式代码，需要用英文半角双引号括起来。该参数的取值与"设置单元格格式"对话框中的自定义数字格式的代码相同。

（4）注意事项：TEXT 函数的功能与使用"设置单元格格式"对话框中的数字格式基本相同，但是使用 TEXT 函数无法完成对字体颜色的设置。

经过 TEXT 函数设置后的数字都将转换为文本格式，而通过"设置单元格格式"对话框进行格式设置的单元格中的值仍然为数字。

**15. PROPER 函数**

（1）函数功能：PROPER 函数用于将文本中各单词的首字母转换为大写，其他字母转换为小写。

（2）语法格式：PROPER(text)。

（3）参数说明：text 为必需参数，表示要转换为首字母大写的文本。

**16. LOWER 函数**

（1）函数功能：LOWER 函数用于将文本中的大写字母转换为小写字母。例如，LOWER("我爱 EXCEL")和 LOWER("我爱 Excel")都将返回"我爱 excel"。

（2）语法格式：LOWER(text)。

（3）参数说明：text 为必需参数，表示要转换为小写字母的文本。

**17. UPPER 函数**

（1）函数功能：UPPER 函数用于将文本中的小写字母转换为大写字母。例如，UPPER("我爱 excel")和 UPPER("我爱 Excel")都将返回"我爱 EXCEL"。

（2）语法格式：UPPER(text)。

（3）参数说明：text 为必需参数，表示要转换为大写字母的文本。

# 六、查找与引用函数

查找与引用函数用于查找工作表中符合条件的特定内容。查找与引用函数是 Excel 中最常用的函数，功能非常强大，以下将详细介绍各查找与引用函数的功能、语法格式、参数说明以及注意事项。

**1. ROW 函数**

（1）函数功能：ROW 函数用于返回单元格或单元格区域首行的行号，返回值为一个或一组数字。

（2）语法格式：ROW([reference])。

（3）参数说明：[reference]为可选参数，表示要得到其行号的单元格或单元格区域。如果省略该参数，则返回当前单元格所在行的行号。

（4）注意事项：[reference]参数不能同时引用多个区域。如果[reference]参数引用的是一个纵向的单元格区域，而且 ROW 函数作为一个垂直数组输入单元格区域中，那么该参数中区域首行的行号将以垂直数组返回。

**2. ROWS 函数**

（1）函数功能：ROWS 函数用于返回单元格区域或数组中包含的行数。

（2）语法格式：ROWS(array)。

（3）参数说明：array 为必需参数，表示要计算其行数的单元格区域或数组。

**3. COLUMN 函数**

（1）函数功能：COLUMN 函数用于返回单元格或单元格区域首列的列标，返回值为一个或一组数字。

（2）语法格式：COLUMN([reference])。

（3）参数说明：[reference]为可选参数，表示要得到其列标的单元格或单元格区域。如果省略该参数，则返回当前单元格所在列的列标。

（4）注意事项：[reference]参数不能同时引用多个区域。如果[reference]参数引用的是一个单元格区域，而且 COLUMN 函数作为水平数组输入单元格中，那么该参数中区域首列的列号将以水平数组返回。

**4. COLUMNS 函数**

（1）函数功能：COLUMNS 函数用于返回单元格区域或数组中包含的列数。

（2）语法格式：COLUMNS(array)。

（3）参数说明：array 为必需参数，表示要计算其列数的单元格区域或数组。

**5. VLOOKUP 函数**

（1）函数功能：VLOOKUP 函数用于在单元格区域或数组的首列查找指定的值，返回与指定值同行的该区域或数组中的其他列的值。

（2）语法格式：VLOOKUP(lookup_value,table_array,col_index_num,[range_lookup])。

（3）参数说明如下。

lookup_value：必需参数，表示要在单元格区域或数组的首列进行查找的值，形式可以是直接输入的数字或单元格引用，支持使用通配符，不区分大小写。

table_array：必需参数，表示要在其中查找的单元格区域或数组。

col_index_num：表示要返回的值在 table_array 参数中的第几列。

[range_lookup]：可选参数，表示 VLOOKUP 函数的查找类型，用于指定是精确查找还是模糊查找。当参数为 0(FALSE)时表示精确查找，返回查找区域中第 1 个与 lookup_value 参数相等的值，查找区域无须排序；当参数为 1(TRUE)或忽略时，表示模糊查找，返回等于 lookup_value 参数或小于且最接近 lookup_value 参数的值，查找区域必须按升序排列。

（4）注意事项：如果 lookup_value 参数小于 table_array 参数中首列的最小值，则 VLOOKUP 函数返回错误值"♯N/A"。该参数为文本时，VLOOKUP 函数将不区分大小写。

如果 col_index_num 参数小于 1 或者大于 table_array 参数中的列数,则 VLOOKUP 函数将返回错误值"♯VALUE!"。

[range_lookup]参数为模糊查找方式时,如果查找区域或数组未按升序排序,则 VLOOKUP 函数可能会返回错误的结果;[range_lookup]参数为精确查找方式时,如果在 table_array 参数中找不到匹配的值,则 VLOOKUP 函数返回错误值"♯N/A"。

当 lookup_value 参数为文本,且[range_lookup]参数为精确查找方式时,可以在 lookup_ value 参数中使用通配符问号"?"和星号" * "。"?"用于匹配任意单个字符," * "用于匹配任意多个字符。如果需要查找问号或星号本身,在问号或星号前面输入一个波形符"～"即可。

**6. HLOOKUP 函数**

(1) 函数功能:HLOOKUP 函数用于在单元格区域或数组的首行查找指定的值,返回与指定值同列的该区域或数组中的其他行的值。

(2) 语法格式:HLOOKUP(lookup_value,table_array,row_index_num,[range_ lookup])。

(3) 参数说明如下。

lookup_value:必需参数,表示要在单元格区域或数组的首行中查找的值,形式可以是直接输入的数字或单元格引用,支持使用通配符,不区分大小写。

table_array:必需参数,表示要在其中查找的单元格区域或数组。

row_index_num:必需参数,表示要返回的值在 table_array 参数中的第几行。

[range_lookup]:可选参数,表示 HLOOKUP 函数的查找类型,用于指定是精确查找还是模糊查找。当参数为 0(FALSE)时表示精确查找,返回查找区域中第 1 个与 lookup_ value 参数相等的值,查找区域无须排序;当参数为 1(TRUE)或忽略时,表示模糊查找,返回等于 lookup_value 参数或小于且最接近 lookup_value 参数的值,查找区域必须按升序排列。

(4) 注意事项:如果 lookup_value 参数小于 table_array 参数中首行的最小值,则 HLOOKUP 函数返回错误值"♯N/A"。该参数为文本时,HLOOKUP 函数将不区分大小写。

如果 row_index_num 参数小于 1 或者大于 table_array 参数中的行数,则 HLOOKUP 函数将返回错误值"♯VALUE!"。

[range_lookup]参数为模糊查找方式时,如果查找区域或数组未按升序排序,则 HLOOKUP 函数可能会返回错误的结果;[range_lookup]参数为精确查找方式时,如果在 table_array 参数中找不到匹配的值,则 HLOOKUP 函数返回错误值"♯N/A"。

当 lookup_value 参数为文本,且[range_lookup]参数为精确查找方式时,可以在 lookup_ value 参数中使用通配符问号"?"和星号" * "。"?"用于匹配任意单个字符," * "用于匹配任意多个字符。如果需要查找问号或星号本身,在问号或星号前面输入一个波形符"～"即可。

**7. MATCH 函数**

(1) 函数功能:MATCH 函数用于返回在指定查找类型下要查找的值在单元格区域或

数组中的位置,返回值为一个或一组数字。查找类型分为精确查找和模糊查找。

(2)语法格式:MATCH(lookup_value,lookup_array,[match_type])。

(3)参数说明如下。

lookup_value:必需参数,表示要在单元格区域或数组中查找的值,形式可以是直接输入的数字或单元格引用,支持使用通配符,不区分大小写。

lookup_array:必需参数,表示包含要查找的值的数组或单元格引用,且只能是一行或者一列,不能是多行多列。

[match_type]:可选参数,表示 MATCH 函数的查找类型,用于指定是精确查找还是模糊查找。当参数为 0 时表示精确查找,返回查找区域中第 1 个与 lookup_value 参数相等的值,查找区域无须排序;当参数为 1 或省略时,表示模糊查找,返回等于 lookup_value 参数或小于且最接近 lookup_value 参数的值,查找区域必须按升序排列;当参数为 -1 时,表示模糊查找,返回等于 lookup_value 参数或大于且最接近 lookup_value 参数的值,查找区域必须按降序排列。

(4)注意事项:如果在 lookup_array 参数中查找不到 lookup_value 参数的值,MATCH 函数将返回错误值"♯N/A!"。

当[match_type]参数为模糊查找方式时,如果查找区域或数组未按顺序排序,那么MATCH 函数可能会返回错误的结果。

当 lookup_value 参数为文本,且[match_type]参数为精确查找方式时,可以在 lookup_value 参数中使用通配符问号"?"和星号" * "。"?"用于匹配任意单个字符," * "用于匹配任意多个字符。如果需要查找问号或星号本身,在问号或星号前面输入一个波浪线"~"即可。当该参数为文本时,MATCH 函数将不区分大小写。

MATCH 函数一般与 INDEX 函数或 OFFSET 函数一起使用。

**8. INDEX 函数**

(1)函数功能:INDEX 函数用于返回单元格区域或数组中行列交叉位置上的值。

(2)语法格式:INDEX(array,row_num,[column_num])。

(3)参数说明如下。

array:必需参数,表示要从中返回值的单元格区域或数组。

row_num:必需参数,表示返回值所在 array 参数中的行号。

[column_num]:可选参数,表示返回值所在 array 参数中的列标,如果忽略,则默认为第 1 列。

(4)注意事项:row_num 和[column_num]参数只能省略其一,不能两个都省略。row_num 和[column_num]表示的引用必须位于 array 参数之内,否则 INDEX 函数将返回错误值"♯REF!"。INDEX 函数一般与 MATCH 函数一起使用。

**9. LOOKUP 函数**

(1)函数功能:LOOKUP 函数用于在工作表的某一行或某一列区域或者数组中查找指定的值,然后在另一行或另一列区域或数组中返回相同位置上的值。

(2)语法格式:LOOKUP(lookup_value,lookup_vector,[result_vector])。

(3)参数说明如下。

lookup_value:必需参数,表示要查找的值。如果在查找区域中找不到该值,则 LOOKUP

函数返回 lookup_vector 参数中小于且最接近该参数的值。

lookup_vector：必需参数，表示要在其中查找的单元格区域或数组，必须为单行或单列，且必须为升序排列。

[result_vector]：可选参数，表示返回查找结果的单元格区域或数组，必须为单行或单列，且数据尺寸和方向必须与 lookup_vector 参数相同。

（4）注意事项：lookup_vector 参数表示的查找区域或数组中的数据必须按升序排列，排列规则是：数字＜字母＜FALSE＜TRUE，如果未进行排序，则 LOOKUP 函数可能会返回错误的结果。

如果 lookup_value 参数小于 lookup_vector 参数中的最小值，则 LOOKUP 函数将会返回错误值"♯N/A"。

**10. OFFSET 函数**

（1）函数功能：OFFSET 函数用于以指定的引用为参照系，通过给定偏移量得到新的引用。返回的引用既可以是一个单元格，也可以是一个单元格区域，并且可以指定区域的大小。

（2）语法格式：OFFSET(reference,rows,cols,[height],[width])。

（3）参数说明如下。

reference：必需参数，表示作为偏移量参照系的引用区域。该参数必须为对单元格或连续单元格区域的引用，否则 OFFSET 返回错误值"♯VALUE!"。

rows：必需参数，表示 reference 参数上下偏移的行数。如果为正数，则向下偏移；如果为负数，则向上偏移。

cols：必需参数，表示 reference 参数左右偏移的列数。如果为正数，则向右偏移；如果为负数，则向左偏移。

[height]：可选参数，表示要返回的引用区域的行数。如果是正数，则表示新区域的行数向下延伸；如果是负数，则表示新区域的行数向上延伸。如果忽略，则新引用区域的行数与 reference 参数的区域相同。

[width]：可选参数，表示要返回的引用区域的列数。如果是正数，则表示新区域的列数向右延伸；如果是负数，则表示新区域的列数向左延伸。如果忽略，则新引用区域的列数与 reference 参数的区域相同。

为了让大家更好地理解 OFFSET 函数的工作原理，下面以示例的形式进行展示。将 A1 单元格作为参照系，即从 A1 单元格出发，下移 4 行、右移 3 列，即到了 D5 单元格，然后以 D5 单元格作为新的起点，引用一个 2 行 5 列的区域作为返回的新区域，即为 D5:H6 单元格区域。

（4）注意事项：如果行数和列数的偏移量超出了工作表的边缘，则 OFFSET 函数返回错误值"♯REF!"。如果省略 rows 和 cols 参数，则默认当作 0 来处理，既不移动列也不移动行。这两个参数虽然可以省略写法，即不输入参数，但是必须使用逗号来保留它们的参数位置。如果忽略[height]和[width]参数，则其高度和宽度与 reference 参数表示的区域相同。

**11. FORMULATEXT 函数**

（1）函数功能：FORMULATEXT 函数用于返回指定公式的文本形式。

（2）语法格式：FORMULATEXT(reference)。

（3）参数说明：reference 为必需参数，表示要返回其公式的文本形式的单元格或单元格区域。

（4）注意事项：reference 参数可以引用当前工作簿或其他已打开工作簿中的工作表的单元格或单元格区域，如果引用了未打开的工作簿或不存在的工作表，则 FORMULATEXT 函数返回错误值"♯N/A"。如果该参数表示的单元格中不包含公式，或单元格中的公式超过了 8 192 个字符，则 FORMULATEXT 函数返回错误值"♯N/A"。

### 12. CHOOSE 函数

（1）函数功能：CHOOSE 函数用于从参数列表中提取指定的参数值。

（2）语法格式：CHOOSE(index_num,value1,[value2],…)。

（3）参数说明如下。

index_num：必需参数，表示所选定值的参数，该参数为 1～254 的数字，或者是包含数字 1～254 的公式或单元格引用。如果 index_num 参数为 1，则 CHOOSE 函数返回 value1 参数；如果 index_num 参数为 2，则 CHOOSE 函数返回 value2 参数，以此类推。如果 index_num 参数小于 1 或大于参数列表中的最后一个值的序号，则 CHOOSE 函数返回错误值"♯VALUE!"。如果 index_num 参数为小数，则会被截尾取整后参与计算。

value1：必需参数，表示第 1 个数值参数，可以是数字、文本、单元格引用、名称、公式或函数。

[value2]：可选参数，表示第 2 个数值参数，可以是数字、文本、单元格引用、名称、公式或函数。

以此类推，最多可包含 254 个 value 参数。

（4）注意事项：index_num 参数必须为数字、文本型数字或逻辑值。如果该参数是文本，小于 1 或者大于 254，CHOOSE 函数都将返回错误值"♯VALUE!"。

### 13. ADDRESS 函数

（1）函数功能：ADDRESS 函数用于返回与指定行号和列标对应的单元格地址。

（2）语法格式：ADDRESS(row_num,column_num,[abs_num],[A1],[sheet_text])。

（3）参数说明如下。

row_num：必需参数，表示在单元格引用中使用的行号。

column_num：必需参数，表示在单元格引用中使用的列标。

[abs_num]：可选参数，表示返回的引用类型。如果参数为 1 或者忽略，则返回的引用类型是绝对引用；如果参数为 2，则返回的引用类型是绝对行相对列；如果参数为 3，则返回的引用类型是绝对列相对行；如果参数为 4，则返回的引用类型是相对引用。

[A1]：可选参数，表示返回的单元格地址是 A1 引用样式还是 R1C1 引用样式，该参数是一个逻辑值。如果参数为 TRUE 或忽略，则 ADDRESS 函数返回 A1 引用样式；如果参数为 FALSE，则 ADDRESS 函数返回 R1C1 引用样式。

[sheet_text]：可选参数，表示用于指定作为外部引用的工作表的名称。如果忽略该参数，则表示不使用任何工作表名称。

### 14. INDIRECT 函数

（1）函数功能：INDIRECT 函数用于返回由文本字符串指定的引用。

（2）语法格式：INDIRECT(ref_text,[A1])。

（3）参数说明如下。

ref_text：必需参数，表示对单元格的引用，可以包含 A1 或 R1C1 样式的引用，或直接使用文本字符串形式的单元格引用。

[A1]：可选参数，表示指明包含在 ref_text 参数中的引用类型，它是一个逻辑值。如果该参数为 TRUE 或忽略，则 ref_text 参数使用 A1 引用样式；如果该参数为 FALSE，则 ref_text 参数使用 R1C1 引用样式。

（4）注意事项：如果 ref_text 参数不是正确的单元格引用，或者 ref_text 参数是对另一个工作簿的外部引用，但该工作簿没有打开，或者 ref_text 参数使用的单元格区域超出了工作表的最大范围，则 INDIRECT 函数返回错误值"♯REF!"。

如果 ref_text 参数为带双引号的单元格引用，如"A2"，那么 INDIRECT 函数返回的是 A2 单元格中的内容。

如果 ref_text 参数中使用不带双引号的单元格引用，那么 INDIRECT 函数返回该引用中指向的单元格内容。

### 15. HYPERLINK 函数

（1）函数功能：HYPERLINK 函数用于创建超链接，可以打开储存在服务器、互联网或本地硬盘中的文件，还可以建立工作簿内部的跳转位置。

（2）语法格式：HYPERLINK(link_location,[friendly_name])。

（3）参数说明如下。

link_location：必需参数，表示目标文件的完整路径，必须是使用英文半角双引号括起来的文本。

[friendly_name]：可选参数，表示该超链接在此单元格中显示的值，形式可以是数值、文本字符串、名称或包含跳转文本或数值的单元格。如果忽略该参数，将默认显示为 link_location 参数的内容。该内容显示默认为蓝色带下划线样式。

（4）注意事项：如果在 link_location 参数中指定的目标文件位置不存在或无法访问，则在单击链接时会显示错误信息。

如果要选定一个包含超链接的单元格，并且不跳转到目标文件或位置，则需要单击链接单元格并按住鼠标左键，直到光标形状变为一个十字，然后释放鼠标即可。

### 16. TRANSPOSE 函数

（1）函数功能：TRANSPOSE 函数用于转置数据区域的行列位置，即将一行单元格区域转换为一列单元格区域，或将一列单元格区域转换为一行单元格区域，也可以转置数组的行和列，是函数版的"选择性粘贴—转置"功能。

（2）语法格式：TRANSPOSE(array)。

（3）参数说明：array 为必需参数，表示要进行转置的单元格区域或数组。

（4）注意事项：使用 TRANSPOSE 函数时，必须以数组公式的形式输入单元格区域中。

## 实训活动

### 使用 Excel 的函数和公式处理数据

目标：通过本实训活动，读者将学习如何使用 Excel 的函数和公式来处理数据。

步骤如下：

（1）打开 Excel，并创建一个新的工作簿。

（2）在新的工作簿中创建一个新的工作表。

（3）在工作表中输入一些示例数据，以便后续的函数和公式处理。

（4）使用 Excel 的一些基本函数，如 SUM、AVERAGE、MAX、MIN 等计算数据的总和、平均值、最大值、最小值等统计信息。

（5）使用 Excel 的一些逻辑函数，如 IF、AND、OR 等进行数据的逻辑判断和筛选。

（6）使用 Excel 的一些文本函数，如 LEFT、RIGHT、MID、LEN 等提取和处理数据的文本信息。

（7）使用 Excel 的一些日期和时间函数，如 TODAY、NOW、DATE、TIME 等处理日期和时间数据。

（8）使用 Excel 的一些高级函数，如 VLOOKUP、HLOOKUP、INDEX、MATCH 等进行数据的查找和匹配。

（9）在工作表中使用公式计算一些其他的统计信息。

（10）将函数和公式处理的结果保存到新的工作表中。

（11）将新的工作表格式化为适当的样式。

（12）保存工作簿并退出 Excel。

# 第 五 章

# 数据透视表与数据透视图

数据透视表是一种具有数据交互功能的表,在对大量数据进行汇总和分析时,首选数据透视表。数据透视表的结构包括行区域、列区域、数值区域和报表筛选四个部分,通过将各个字段在不同的区域进行添加、删除和移动,可以实现动态地改变数据列表的版面布局和汇总分析方式的目标。本章主要介绍数据透视表和数据透视图的创建与编辑。

**学习目标**
- 掌握创建数据透视表的一般方法。
- 掌握编辑数据透视表的技巧。
- 学会创建和使用数据透视图。

## 第一节　创建数据透视表

创建数据透视表既可以通过"推荐的数据透视表"对话框进行,也可以先创建空白的数据透视表,再按需求添加字段内容。下面将对这两种方法分别进行介绍。

### 一、创建"推荐的数据透视表"

创建"推荐的数据透视表"可以快速地插入数据透视表,创建完成后也可以根据需要再对字段进行调整,具体的创建方法如下。

选择任意单元格,切换至"插入"选项卡,选择"表格"组中的"推荐的数据透视表"命令,如图 5.1 所示。

在打开的"推荐的数据透视表"对话框中,在左侧选择合适的透视表类型,单击"确定"按钮,如图 5.2 所示。

使用该方法创建的透视表,Excel 会自动创建一个新的工作表进行存放,并同时打开"数据透视表字段"导航窗格,如图 5.3 所示。

| 日期 | 购货单位 | 产品名称 | 销售数量 | 单价 | 金额 | 销售部门 |
|---|---|---|---|---|---|---|
| 2023-02-01 | 单位A | 舒缓放松 | 90 | 99 | 8910 | 销售一部 |
| 2023-02-01 | 单位C | 二维平衡 | 50 | 199 | 9950 | 销售一部 |
| 2023-02-01 | 单位A | 养护巩固 | 190 | 599 | 113810 | 销售一部 |
| 2023-02-01 | 单位B | 养护巩固 | 190 | 599 | 113810 | 销售一部 |
| 2023-02-01 | 单位B | 养护巩固 | 80 | 599 | 47920 | 销售一部 |
| 2023-02-01 | 单位E | 平衡舒畅 | 180 | 279 | 50220 | 销售一部 |
| 2023-02-01 | 单位D | 平衡舒畅 | 160 | 279 | 44640 | 销售二部 |
| 2023-02-01 | 单位C | 一维平衡 | 130 | 169 | 21970 | 销售二部 |
| 2023-02-01 | 单位F | 一维平衡 | 60 | 169 | 10140 | 销售二部 |
| 2023-02-01 | 单位F | 基底平衡 | 80 | 399 | 31920 | 销售二部 |

图 5.1　选择"推荐的数据透视表"命令

图 5.2　创建推荐的数据透视表

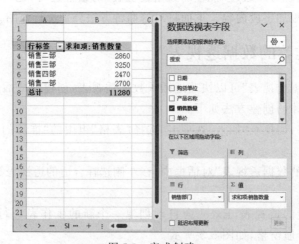

图 5.3　完成创建

但是,此方法创建的数据透视表可能不完全匹配使用者的需求,因此掌握下面的方法就尤为重要。

## 二、创建空白的数据透视表

用户也可以先创建没有任何数据的空白透视表,然后根据需要自由添加数据。

如图 5.4 所示,选择任意单元格,切换至"插入"选项卡,选择"表格"组中的"数据透视表"命令。

| | A | B | C | D | E | F | G |
|---|---|---|---|---|---|---|---|
| 1 | 日期 | 购货单位 | 产品名称 | 销售数量 | 单价 | 金额 | 销售部门 |
| 2 | 2023-02-01 | 单位A | 舒缓放松 | 90 | 99 | 8910 | 销售一部 |
| 3 | 2023-02-01 | 单位C | 二维平衡 | 50 | 199 | 9950 | 销售一部 |
| 4 | 2023-02-01 | 单位A | 养护巩固 | 190 | 599 | 113810 | 销售一部 |
| 5 | 2023-02-01 | 单位B | 养护巩固 | 190 | 599 | 113810 | 销售一部 |
| 6 | 2023-02-01 | 单位B | 养护巩固 | 80 | 599 | 47920 | 销售一部 |
| 7 | 2023-02-01 | 单位E | 平衡舒畅 | 180 | 279 | 50220 | 销售一部 |
| 8 | 2023-02-01 | 单位D | 平衡舒畅 | 160 | 279 | 44640 | 销售二部 |
| 9 | 2023-02-01 | 单位C | 一维平衡 | 130 | 169 | 21970 | 销售二部 |
| 10 | 2023-02-01 | 单位F | 一维平衡 | 60 | 169 | 10140 | 销售二部 |
| 11 | 2023-02-01 | 单位F | 基底平衡 | 80 | 399 | 31920 | 销售二部 |
| 12 | 2023-02-01 | 单位A | 平衡舒畅 | 70 | 279 | 19530 | 销售二部 |

图 5.4 选择"数据透视表"命令

在打开的"创建数据透视表"对话框中,保持默认状态并单击"确定"按钮,如图 5.5 所示。

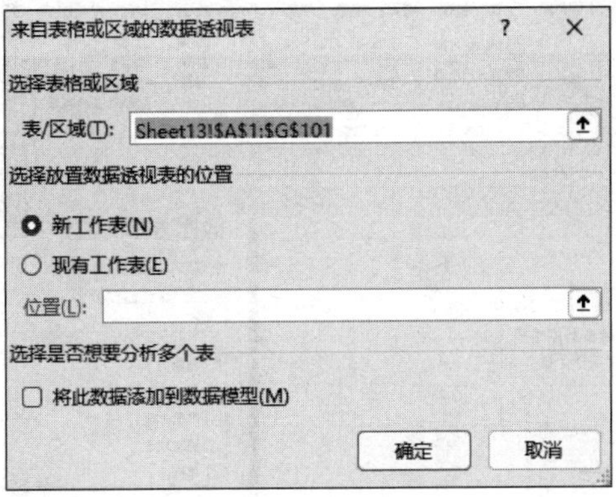

图 5.5 创建空白透视表

默认情况下,Excel 也会自动创建一个新的工作表进行存放,并同时打开"数据透视表字段"导航窗格,如图 5.6 所示。

如果用户希望将创建的数据透视表放在当前工作表或指定的工作表中,则单击"现有工作表"单选框,并通过"位置"右侧的折叠按钮选择具体的存放位置即可。

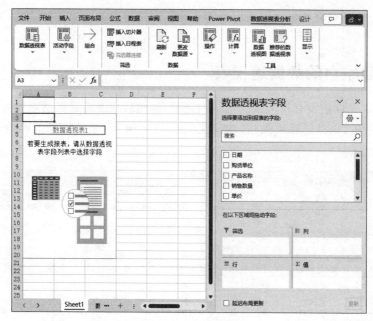

图 5.6　完成创建

## 三、在透视表里添加字段

用户创建空白的数据透视表后,需要在其中添加字段,才能对数据进行汇总分析等操作。用鼠标选择空白数据透视表的内部任意单元格,即可打开"数据透视表字段"导航窗格,如果没有打开,手动打开即可。如图 5.7 所示,切换至"数据透视表分析"工具选项卡,单击"显示"组中的"字段列表"按钮。

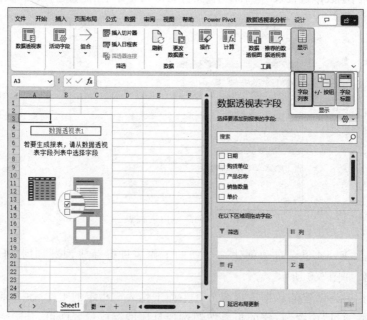

图 5.7　手动打开"数据透视表字段"导航窗格

在打开的"数据透视表字段"导航窗格的"选择要添加到报表的字段"区域中,选中"销售部门"字段然后按住鼠标左键,将该字段拖曳至报表"筛选"区域,如图 5.8 所示。

图 5.8　拖曳字段到区域

按照相同的方法,将"日期"和"产品名称"字段拖曳至"行"区域,将"销售数量"字段拖曳至"值"区域,设置结果如图 5.9 所示。

图 5.9　完成添加字段

如图 5.10 所示,单击"行"区域中"产品名称"字段的下拉按钮,在打开的列表中选择"上移"命令,即可看到数据透视表的布局发生了变化,结果如图 5.11 所示。

图 5.10　选择"上移"命令

图 5.11　上移字段位置的结果

改变各区域中字段的位置,同样可以使数据透视表的布局和透视视角发生改变。例如,参照图 5.11 所示,将"行"区域中的"日期"字段拖曳至"列"区域,即可看到数据透视表布局所发生的变化,结果如图 5.12 所示。

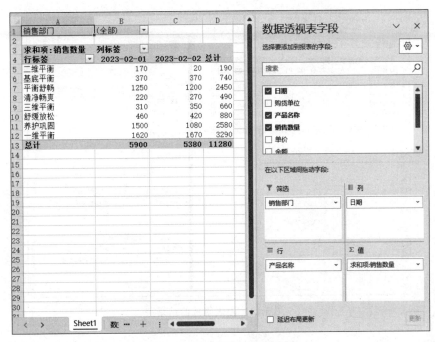

图 5.12　移动字段区域的结果

单击"报表筛选"按钮,可以对数据透视表进行报表筛选。如图 5.13 所示,单击"报表筛选"按钮,即可打开"销售部门"字段下的所有部门,在列表中勾选"选择多项"复选框,再勾选"销售一部"复选框,然后单击"确定"按钮。

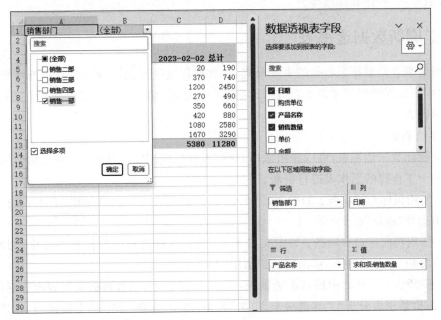

图 5.13　报表筛选

返回数据透视表,即可发现只有"销售一部"的数据内容被显示出来,如图 5.14 所示。

图 5.14　报表筛选的结果

# 第二节　编辑数据透视表

数据透视表创建完成之后,用户还可以根据需要对数据透视表进行编辑,比如刷新、移动、更改数据源、排序和筛选等。

## 一、刷新数据透视表

数据透视表是数据源数据的表现形式,当数据源发生变化,如增加、减少或者更改数据时,需要刷新数据透视表才能更新数据透视表中的数据,刷新数据透视表分为手动刷新和自动刷新两种方法。

### 1. 手动刷新

手动刷新数据透视表,可以使用鼠标右键,也可以使用功能区命令,使用功能区命令还可以对整个工作簿的工作表进行刷新。

(1) 使用鼠标右键刷新:如图 5.15 所示,选择透视表内任意单元格,右击,在打开的快捷菜单中选择"刷新"命令。

(2) 使用功能区命令刷新:如图 5.16 所示,选择数据透视表内任意单元格,切换至"数据透视表分析"工具选项卡,单击"数据"组中的"刷新"按钮。

(3) 刷新整个工作簿中的数据透视表:如图 5.17 所示,选择数据透视表内任意单元格,切换至"数据透视表分析"工具选项卡,单击"数据"组中"刷新"下方的下拉按钮,在打开的列表中选择"全部刷新"命令。

### 2. 自动刷新

数据透视表的自动刷新,并不是说可以像自动重算模式下的公式一样,在数据源发生变

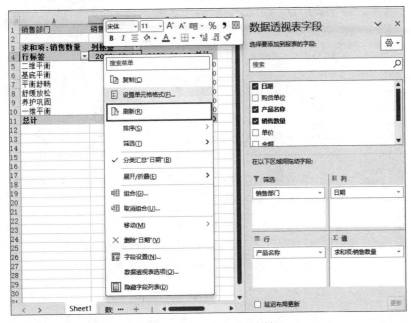

图 5.15 使用鼠标右键刷新

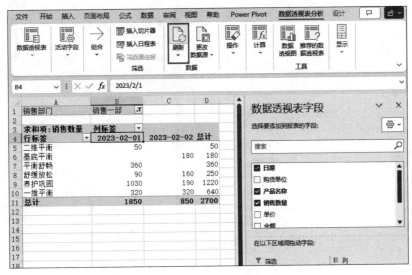

图 5.16 使用功能区命令刷新

化时,透视表即刻自行更新,而是在每次打开该工作簿时都自动刷新数据。

选择数据透视表内任意单元格,右击,在打开的快捷菜单中选择"数据透视表选项"命令,如图 5.18 所示;或者选择数据透视表内任意单元格,切换至"数据透视表分析"工具选项卡,选择"数据透视表"组中的"选项"命令,如图 5.19 所示。

在打开的"数据透视表选项"对话框中,切换至"数据"选项卡,勾选"打开文件时刷新数据"复选框,然后单击"确定"按钮,如图 5.20 所示。

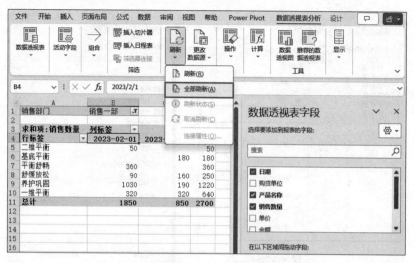

图 5.17 刷新整个工作簿中的数据透视表

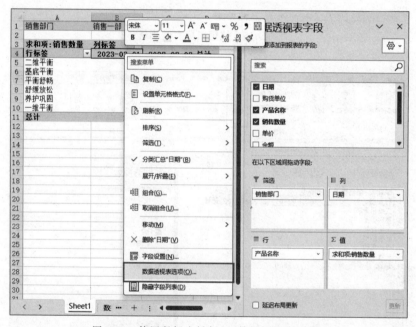

图 5.18 使用鼠标右键打开"数据透视表选项"

## 二、移动数据透视表

创建了数据透视表后,用户还可以根据需要将数据透视表移动至其他位置,既可以在同一工作簿中移动,也可以在不同的工作簿中移动。

单击 Sheet1 工作表中数据透视表内任意单元格,切换至"数据透视表分析"工具选项卡,选择"操作"组中的"移动数据透视表"命令,如图 5.21 所示。

在打开的"移动数据透视表"对话框中,选择"现有工作表"单选框,单击"位置"右侧的折

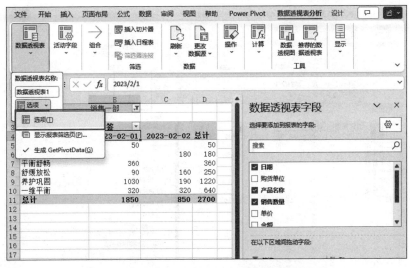

图 5.19　使用功能区命令打开"数据透视表选项"

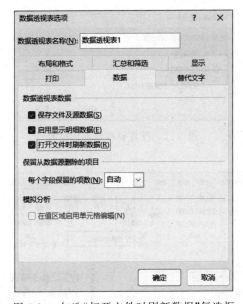

图 5.20　勾选"打开文件时刷新数据"复选框

叠按钮,选择"数据源"工作表的 H1 单元格,然后再次单击折叠按钮返回"移动数据透视表"对话框,单击"确定"即可,如图 5.22 所示。

## 三、更改数据源

如果用户需要调整数据透视表中的数据源范围,可以通过"更改数据源"命令进行设置。

选择数据透视表中任意单元格,切换至"数据透视表分析"工具选项卡,选择"数据"组中的"更改数据源"命令,如图 5.23 所示。

在打开的"更改数据透视表数据源"对话框中,单击"表/区域"右侧的折叠按钮返回到工

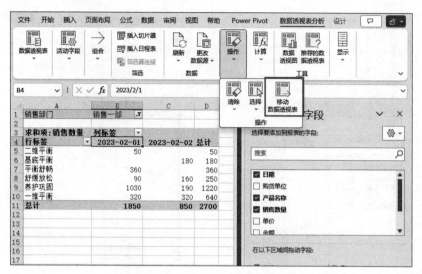

图 5.21 选择"移动数据透视表"命令

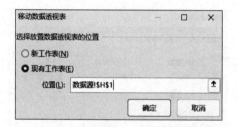

图 5.22 设置要移动到的位置

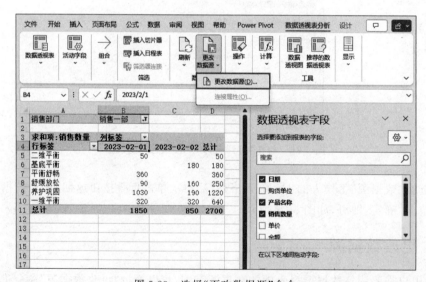

图 5.23 选择"更改数据源"命令

作表重新选择区域即可,也可以直接使用键盘输入需要引用的单元格区域,如图 5.24 所示。

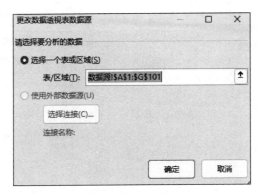

图 5.24　单击折叠按钮重新选择区域

## 四、数据透视表的排序

数据透视表和普通的工作表一样，都具有排序功能，而且排序的功能和规则也都是相同的，只是数据透视表的排序结果略有不同。数据透视表排序分为对数值排序和对字段排序，下面分别进行介绍。

### 1. 对数值排序

如图 5.25 所示，选择任意明细数值（如 B5 单元格），切换至"数据"选项卡，选择"排序和筛选"组中的"升序"命令。

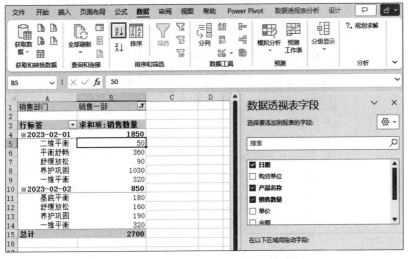

图 5.25　对明细数值进行排序

返回数据透视表中，即可看到每个日期内都按销售数量的大小进行了升序排列，而各个日期之间的分类汇总数据没有变化，如图 5.26 所示。

然后选择任意分类汇总数值（如 B4 单元格），切换至"数据"选项卡，单击"排序和筛选"组中的"升序"命令。返回数据透视表中，即可看到各日期之间的分类汇总数据按照大小进行了降序排列，而各日期内的明细数据没有发生变化，结果如图 5.27 所示。

图 5.26  对明细数值排序的结果

图 5.27  对分类汇总数值排序的结果

**2. 对字段排序**

用户不仅可以对数据透视表的数值进行排序,还可以对数据透视表的字段进行排序,操作方法与对数值进行排序的方法基本相同。

如图 5.28 所示,要求对"产品名称"进行排序。选择"产品名称"字段任意单元格(如 A5 单元格),单击"行标签"下拉按钮,在列表中选择"升序"命令;或切换至"数据"选项卡,选择"排序和筛选"组中的"升序"命令;还可以选择任意单元格,单击"行标签"下拉按钮,在打开的列表中单击"选择字段"下拉按钮,选择"产品名称"字段后,再选择"升序"命令。返回数据透视表中,即可看到"产品名称"字段按升序排列的结果,如图 5.29 所示。

图 5.28  对"产品名称"字段升序排序

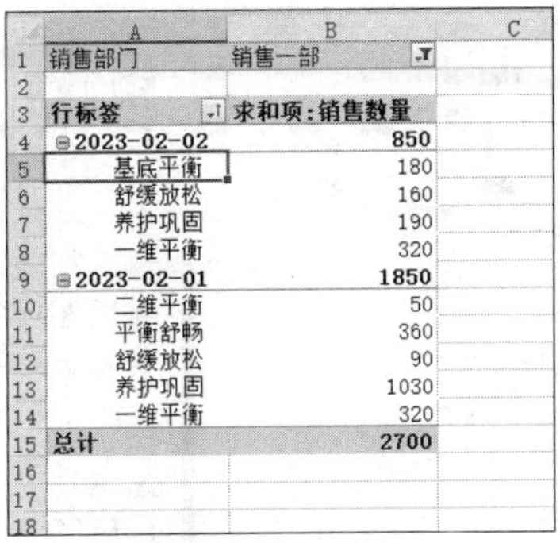

图 5.29　对"产品名称"字段排序的结果

# 第三节　数据透视图

数据透视图是通过图表的形式，对数据透视表中的数据做出更直观、更形象的展示。本节主要介绍数据透视图的创建、筛选和编辑。

## 一、创建数据透视图

创建数据透视图的方式分为两种：一种是根据数据源直接创建；另一种是根据数据透视表进行创建。无论是哪种方式，都会插入数据透视表。下面介绍从数据透视表中插入数据透视图的方法。

切换至"插入"选项卡，选择"图表"组中的"数据透视图"命令；操作如图 5.30 所示；还可以切换至"数据透视表分析"选项卡，选择"工具"组中的"数据透视图"命令，操作如图 5.31 所示。

图 5.30　从"插入"选项卡插入

图 5.31  从"数据透视表分析"选项卡插入

在打开的"插入图表"对话框中,选择合适的图表类型即可,比如在左侧切换至"柱形图"选项卡,在右侧的列表中选择"三维簇状柱形图",然后单击"确定"按钮,如图 5.32 所示。返回数据透视表,即可看到插入"三维簇状柱形图"的效果,如图 5.33 所示。

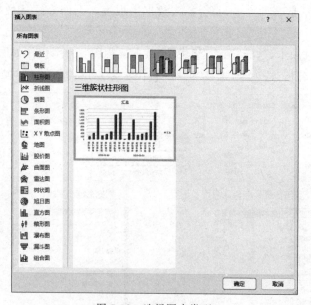

图 5.32  选择图表类型

在数据源中直接创建数据透视图和创建数据透视表的方法相类似。选择数据源内任意单元格,切换至"插入"选项卡,选择"图表"组中的"数据透视图"命令,在打开的"创建数据透视图"对话框中,单击"确定"按钮,然后在"数据透视图字段"导航窗格中,将需要的字段拖动至各个区域即可。

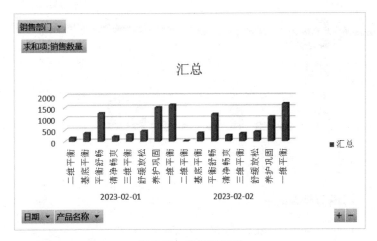

图 5.33　数据透视图

# 二、筛选数据透视图

　　数据透视图跟数据透视表一样,可以进行动态的筛选,使数据更翔实地展示。数据透视图中各种数据类型的筛选条件和方法与数据透视表基本一致。如图 5.34 所示,单击数据透视图左下角的"日期"筛选按钮,在打开的列表中取消勾选"全选"复选框,然后勾选"2023-02-01"复选框,操作完毕单击"确定"按钮。返回数据透视图,即可看到筛选出了"2023-02-01"的数据记录,如图 5.35 所示。

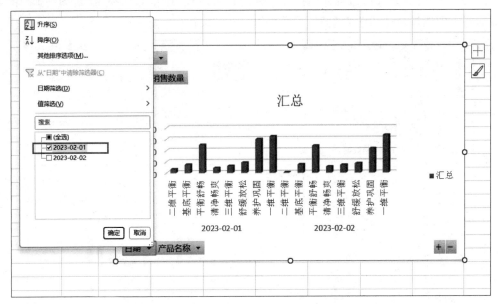

图 5.34　筛选数据透视图

　　用户在查看筛选的数据后,如果需要将数据还原,可以在数据透视图中取消筛选,也可以在数据透视表中取消筛选,其方法与取消数据透视表的筛选一致。

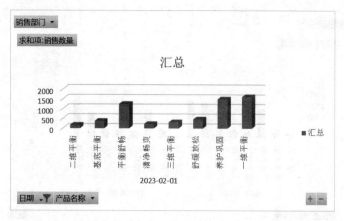

图 5.35    筛选数据透视图结果

# 三、编辑数据透视图

在创建数据透视图后，如果用户想要更改，可以对其进行编辑。这里将对更改数据透视图的类型、设置数据透视图的布局和删除数据透视图的方法做简要介绍。

## 1. 更改类型

如果用户发现创建好的数据透视图不能满足需要，可以对数据透视图的类型进行更改。

如图 5.36 所示，选中要更改类型的数据透视图，切换至"设计"工具选项卡，选择"类型"组中的"更改图表类型"命令，打开"更改图表类型"对话框，在左侧切换至"饼图"选项卡，在右侧的列表中选择合适的图表类型，然后单击"确定"按钮。

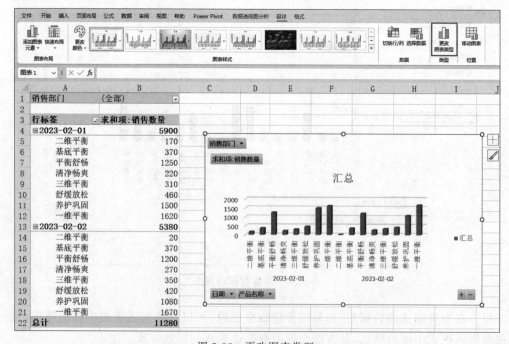

图 5.36    更改图表类型

**2. 设置布局**

Excel 内置了多种数据透视图的布局,用户可以直接套用,也可以在"添加表元素"列表中自定义设置。

如图 5.37 所示,切换至"设计"工具选项卡,单击"图表布局"组中的"快速布局"下拉按钮,在列表中选择合适的布局。当光标指向一个布局的时候,数据透视图会显示相应的预览效果,单击该布局即可应用。

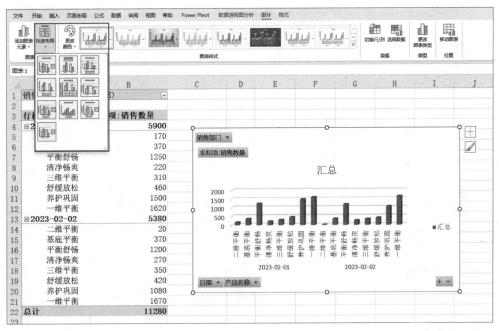

图 5.37　快速布局

如图 5.38 所示,用户可以根据需要对图表的大小进行调整。选中数据透视图,会在其四周出现八个控制点,使用鼠标拖动控制点可快速调整图表的大小。

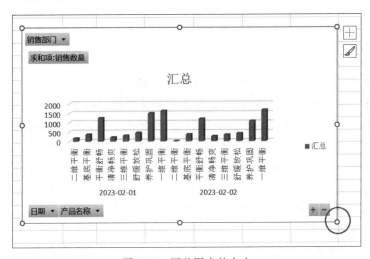

图 5.38　调整图表的大小

**3. 删除数据透视图**

用户如果需要只删除数据透视图,而保留数据透视表的数据,则选中要删除的数据透视图,然后按 Delete 键即可。

如果需要将数据透视表和数据透视图全部删除,则选中要删除的数据透视图,切换至"数据透视图分析"工具选项卡,单击"操作"组中的"清除"下拉按钮,在列表中选择"全部清除"命令即可,操作如图 5.39 所示。

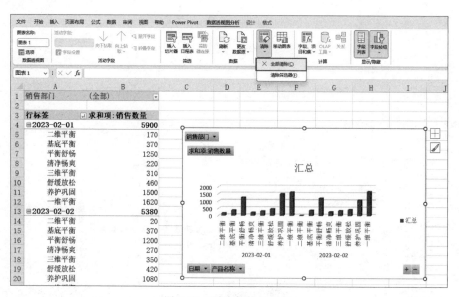

图 5.39　删除数据透视图

## 实训活动

### 使用 Excel 的数据透视表和数据透视图处理数据

目标:通过本实训活动,读者将学习如何使用 Excel 的数据透视表和数据透视图来处理数据。

步骤如下:

(1) 打开 Excel,并创建一个新的工作簿。

(2) 在新的工作簿中创建一个新的工作表。

(3) 在工作表中输入一些示例数据,以便后续的数据透视。

(4) 使用 Excel 的数据透视表功能,将数据按照某些特定的维度进行汇总。

(5) 通过调整数据透视表的行、列、值等设置,实现从不同视角查看数据。

(6) 使用 Excel 的数据透视表过滤功能,筛选出符合特定条件的数据。

(7) 使用 Excel 的数据透视图功能,将数据透视表转换为数据透视图,并进行图表的创建和样式调整。

(8) 针对数据透视图进行一些数据分析和解读。

(9) 将数据透视表和数据透视图的结果保存到新的工作表中。

(10) 将新的工作表格式化为适当的样式。

(11) 保存工作簿并退出 Excel。

# 第 六 章

# 数据分析与可视化

图表是 Excel 数据分析的重要组成部分,它以图形的形式更直观地展示数据,是实现数据可视化的常用手段,也是传递数据信息最有效的方式。本章根据五大类数据关系介绍十几种图表类型,并对图表的创建、编辑和美化作出详细说明。

**学习目标**
- 了解各类图表的特点。
- 学会创建图表。
- 了解编辑图表的方法。
- 了解美化图表的思路。

## 第一节　图 表 类 型

用户在明确了想要表达的信息之后,需要分析这些信息所属的数据关系,然后根据不同的数据关系选择合适的图表类型。只有先确定了数据关系,才能正确地选择图表类型。数据关系主要有项目比较、成分比较、趋势比较、相关性比较和频率分布五大类。

在上一章中,我们介绍了数据透视图,图表与数据透视图最大的不同之处是,用于创建数据透视图的数据源可以是最原始的明细数据,在创建数据透视图后会通过透视表进行各种统计计算,最终以精简的数据信息展示;而用于创建图表的数据源不能是明细数据,必须是根据数据关系经统计计算后的结果数据。

## 一、柱形图和条形图

项目比较就是对数据大小的比较,它是最常见的一种数据关系,该种数据关系一般选择的图表类型为柱形图和条形图。

### 1. 簇状柱形图

簇状柱形图如图 6.1 所示,从中可以直观地看到 4 个销售部门 1 月和 2 月各自的销售额,其中销售4部2月的销售额明显高于1月。

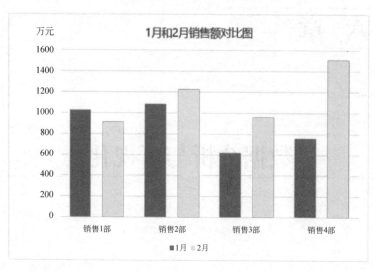

图 6.1　簇状柱形图

### 2. 堆积柱形图

堆积柱形图如图6.2所示,从中可以直观地看到4个销售部门1月和2月的销售总额,其中销售2部的销售总额最高。

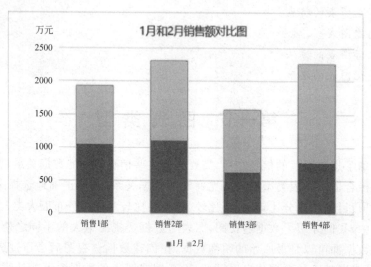

图 6.2　堆积柱形图

### 3. 条形图

条形图如图6.3所示。条形图主要用于单个系列值的比较,通常需要在创建图表之前先将数据源进行排序,从而达到直观比较的目的。

## 二、饼图和圆环图

成分比较就是局部与整体的比较,它反映了局部占总体的百分比。比较成分的图表类

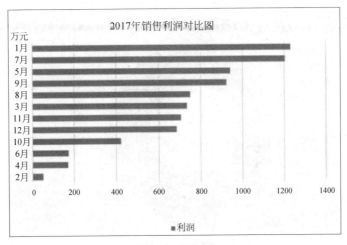

图 6.3 条形图

型有饼图和圆环图等。为了让图表所表达的信息更加醒目和直观,还可以对图表的重点表达部分做强调设计。

**1. 饼图**

选择用饼图表达成分信息时,成分的数量不宜超过六种,如果数据源中的成分超过六种,应该选择六种最重要的成分,然后将未选中的成分列入"其他"范畴。

饼图如图 6.4 所示,可以明显看出各个部门的销售额占比,并以颜色突出强调销售额最高的部门。

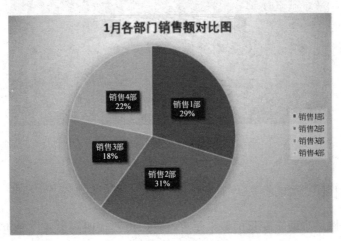

图 6.4 饼图

**2. 圆环图**

上面的饼图实例,还可以通过圆环图展示,圆环图也是常见的图表类型,如图 6.5 所示。

# 三、折线图

趋势比较一般是以时间序列作为依据进行的比较,体现某一事物在时间序列上的发展

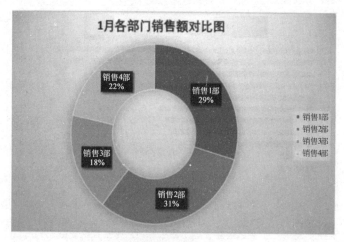

图 6.5　圆环图

趋势。表达趋势比较最常用的图表类型是折线图。

折线图如图 6.6 所示,可以明显地看出数据的趋势走向。

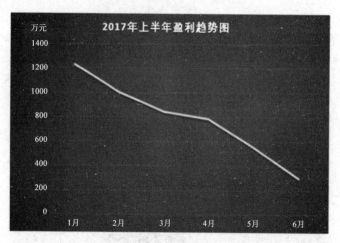

图 6.6　折线图

## 四、散点图

数据的相关性是指两个变量的关系是否符合所想要证明的模式。表达数据的相关性关系通常采用散点图。散点图将两组数据分别绘制于横坐标和纵坐标,在创建散点图之前,最好先对其中一组数据进行排序,让其呈现上升或者下降的趋势。如果另一组数据也呈现上升或下降的趋势,则说明二者具有相关性且相互影响。反之,如果另一组数据不呈上升或下降的趋势,则说明二者之间没有明显关系。

散点图如图 6.7 所示。从该图表可以看出工作年限上升的同时,岗位测评并未呈现上升趋势,从而可以判断二者之间无明显关系。

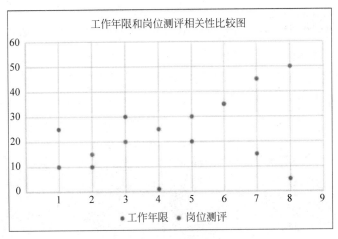

图 6.7 散点图

## 五、面积图

频率分布的图表主要用于在样本中进行归纳统计的应用,反映频率数据关系通常使用面积图。

面积图如图 6.8 所示。该图可以对处于不同年限阶段的人数进行归纳统计和分析。

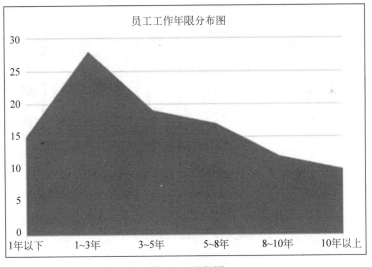

图 6.8 面积图

## 第二节 创 建 图 表

用户创建图表,通常有三种方法,分别是快速创建、使用功能区创建和使用对话框创建,下面分别进行介绍。

## 一、快速创建图表

使用组合键可快速创建图表,如图 6.9 所示,选择数据源 A2：E8 单元格区域,然后按下 Alt+F1 组合键即可快速创建一个类型为柱形图的图表,如图 6.10 所示。

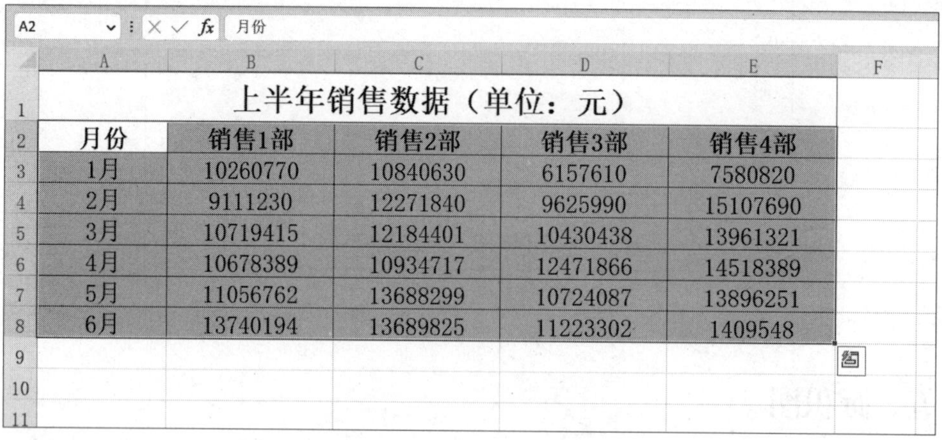

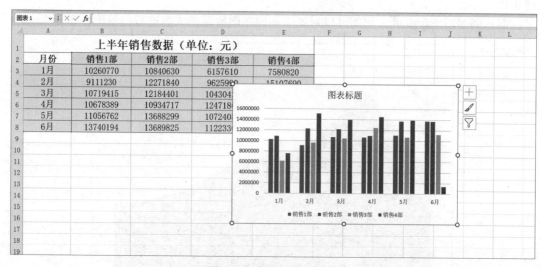

图 6.9   选中数据源区域

图 6.10   快速创建的图表

## 二、使用功能区创建图表

如图 6.11 所示,选择数据源 A2：E8 单元格区域,切换至"插入"选项卡,单击"图表"组中的"插入柱形图或条形图"下拉按钮,在列表中选择合适的图表类型,如"二维簇状柱形图"。当鼠标指针指向一个图表类型时,会在工作表中看到该图表类型的预览效果,单击即可立即应用。

文件 开始 插入 页面布局 公式 数据 审阅 视图 帮助 PDF工具集
数据透视表 推荐的数据透视表 表格
表格
图片 形状 图标 3D 模型 SmartArt 屏幕截图
插图
获取加载项 我的加载项
加载项
推荐的图表
二维柱形图
三维柱形图
二维条形图
三维条形图
更多柱形图(M)...
三维地图
演示
折线 柱形 盈亏
迷你图
切片器 日程表
筛选器
A2 月份
上半年销售数据（单位：元）
月份 销售1部 销售2部 销售3部
1月 10260770 10840630 6157610
2月 9111230 12271840 9625990
3月 10719415 12184401 10430438
4月 10678389 10934717 12471866
5月 11056762 13688299 10724087
6月 13740194 13689825 11223302

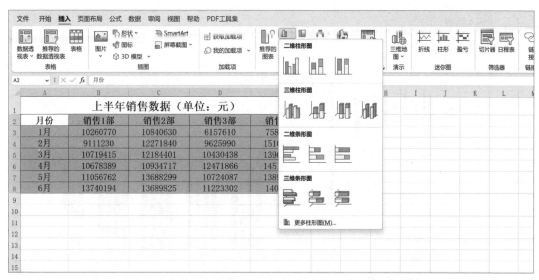

图 6.11 在功能区选择合适的图表类型

## 三、使用对话框创建图表

如图 6.12 所示，选择数据源 A2:E8 单元格区域，切换至“插入”选项卡，单击“图表”组中的“推荐的图表”按钮，或单击“图表”选项组中的对话框启动器按钮。

文件 开始 插入 页面布局 公式 数据 审阅 视图 帮助 PDF工具集
数据透视表 推荐的数据透视表 表格
表格
图片 形状 图标 3D 模型 SmartArt 屏幕截图
插图
获取加载项 我的加载项
加载项
推荐的图表 地图 数据透视图
图表
三维地图
演示
折线
A2 月份
上半年销售数据（单位：元）
月份 销售1部 销售2部 销售3部 销售4部
1月 10260770 10840630 6157610 7580820
2月 9111230 12271840 9625990 15107690
3月 10719415 12184401 10430438 13961321
4月 10678389 10934717 12471866 14518389
5月 11056762 13688299 10724087 13896251
6月 13740194 13689825 11223302 1409548

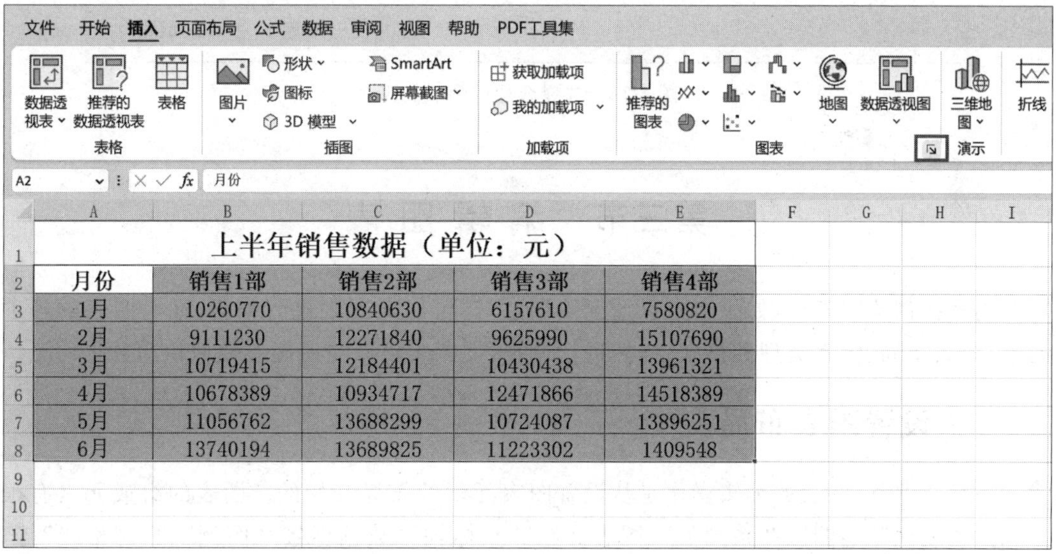

图 6.12 单击“图表”选项组中的对话框启动器按钮

打开“插入图表”对话框，切换至“所有图表”选项卡，从中选择合适的图表类型即可，如图 6.13 所示。

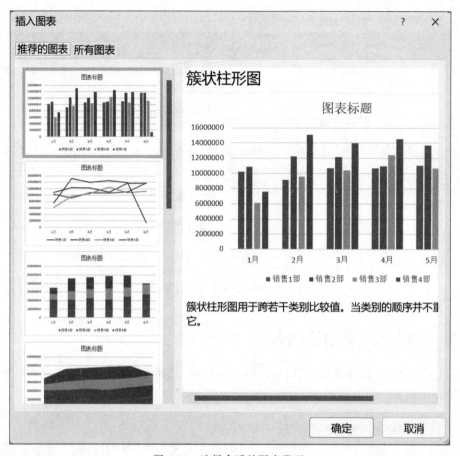

图 6.13　选择合适的图表类型

# 第三节　编 辑 图 表

用户在创建图表后,如果对默认情况不满意,还可以对图表进行编辑,如对图表的各项元素、图表布局、图表类型和格式、样式进行调整,使图表可以更明确有效地传递数据信息。

## 一、设置图表布局

一般情况下,图表的编辑操作是从设置图表元素的布局开始的。图表的组成元素有很多,有"图表区""绘图区""系列值""图表标题""坐标轴""数据标签""图例"和"网格线"等。默认情况下创建出的图表包含了常用的大部分元素,用户可以根据需要灵活地对元素进行添加、删除或更改,也可以对元素的位置、大小进行调整。

### 1. 图表标题的编辑

在 Excel 图表中,用户可以根据需要添加标题或删除标题,以及更改和链接标题文字。

如果默认创建的图表中没有包含图表标题,那么需要用户自行添加。如图 6.14 所示,选中图表,切换至"图表设计"工具选项卡,单击"图表布局"组中的"添加图表元素"下拉按钮,在打开的列表中选择"图表标题"命令,并指定添加位置,其位置主要有"图表上方"和"居中覆盖"。

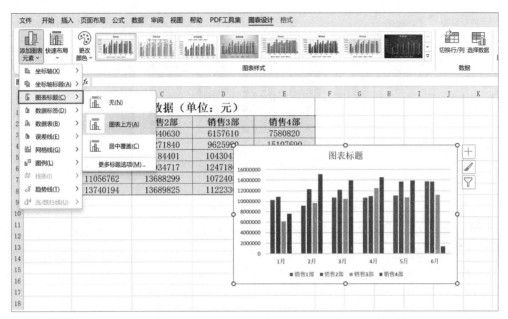

图 6.14　通过功能区添加图表元素

除了上述方法,还可以通过单击"图表元素"按钮,在展开的列表中勾选"图表标题"复选框,并选择合适的位置即可,操作如图 6.15 所示。

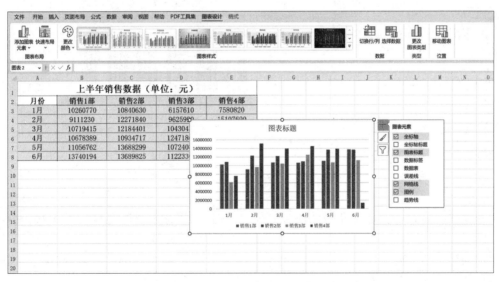

图 6.15　通过"图表元素"按钮添加图表元素

图表标题默认为"图表标题"文字信息,更改的方式通常有两种,下面分别进行介绍。

选择图表标题,在虚线内单击即可进入编辑状态,对标题内容做出修改即可,如图 6.16 所示。

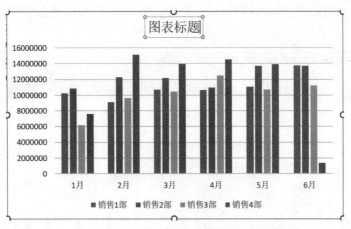

图 6.16　直接编辑图表标题

　　除了可以直接对图表标题进行编辑之外,还可以对图表标题创建链接,即在图表标题与单元格之间建立链接关系,当更改单元格中的内容时,图表标题也会随之同步更改。选中图表标题,在编辑栏中输入等号"=",然后选择要链接的单元格,在本例中为 A1 单元格,也可以直接在编辑栏中输入公式"=Sheet1!SA＄1",如图 6.17 所示。

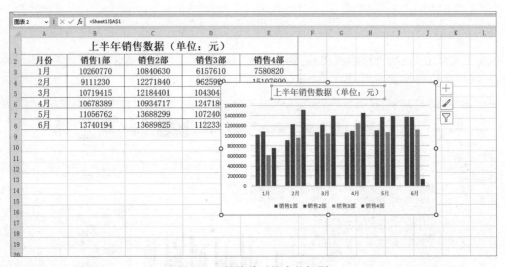

图 6.17　链接单元格中的标题

　　建立链接后,当 A1 单元格中的内容发生改变时,图表标题也随之自动更改,如图 6.18 所示。
　　如果用户不需要显示图表标题,可以将其删除。选中要删除的图表标题,按下 Delete 键即可快速删除。

### 2. 图例的编辑

　　在 Excel 图表中,除单系列值的图表不需要通过图例进行区分外,几乎所有图表都需要用由文字和标识组成的图例对各系列值进行注释。
　　如果默认情况下创建的图表不包含图例,则用户可以自行添加。如图 6.19 所示,选中

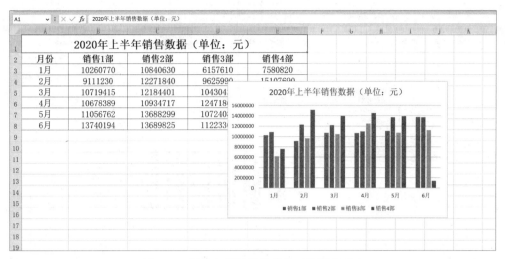

图 6.18 图表标题随链接的单元格同步更改

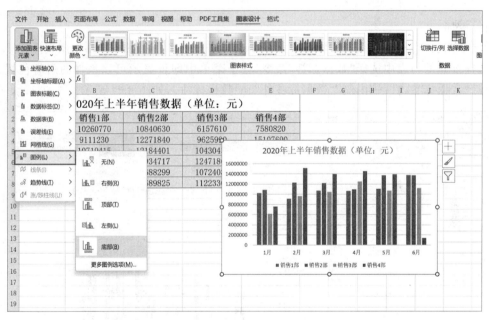

图 6.19 通过功能区添加图例

图表,切换至"图表设计"工具选项卡,单击"图表布局"组中的"添加图表元素"下拉按钮,在打开的列表中选择"图例"命令,并指定要添加的位置,其位置主要有"右侧""顶部""左侧"和"底部"。

除了上述方法,还可以通过单击"图表元素"按钮,在展开的列表中勾选"图例"复选框,并选择想要添加的位置即可,如图 6.20 所示。

**3. 数据标签的编辑**

图表的数据标签用于表示数据系列的实际数值,在 Excel 图表的各个元素中,数据标签一般不太常用,因此在创建图表时不会默认显示。如果用户需要在图表中显示数据标签,可

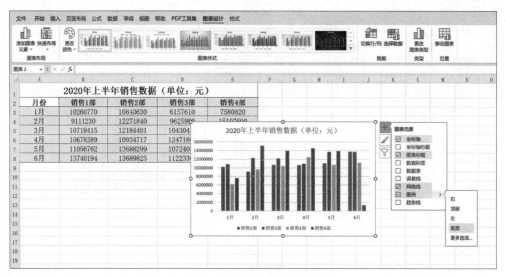

图 6.20    通过"图表元素"按钮添加图例

以自行添加。

选中图表,切换至"图表设计"工具选项卡,单击"图表布局"组中的"添加图表元素"下拉按钮,在打开的列表中选择"数据标签"命令,在子菜单中即可显示可以添加的所有位置,有"居中""数据标签内""轴内侧""数据标签外"和"数据标注",如图 6.21 所示。

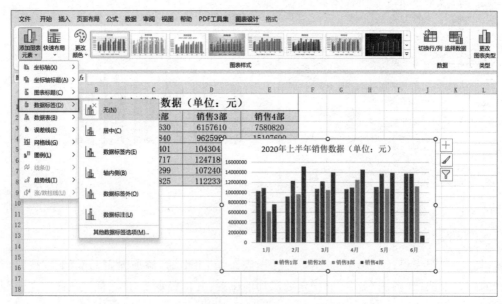

图 6.21    通过功能区添加数据标签

除了上述方法,还可以通过单击"图表元素"按钮,在展开的图表元素列表中勾选"数据标签"复选框,并选择想要添加的位置即可,如图 6.22 所示。

**4. 坐标轴的编辑**

在 Excel 中,图表通常都具有横纵两个坐标轴,一般情况下两个轴向为默认设置,但用

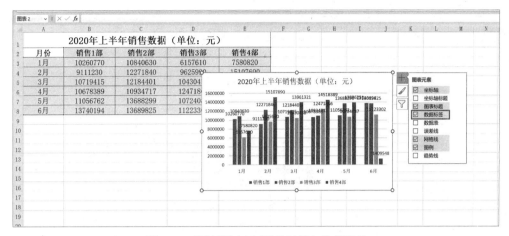

图 6.22 通过"图表元素"按钮添加数据标签

户也可以对坐标轴标题和单位进行重新设置。

如图 6.23 所示,双击该图表左侧的垂直坐标轴,在打开的"设置坐标轴格式"导航窗格中,切换至"坐标轴选项"选项卡,在"坐标轴选项"中单击"显示单位"右侧的下拉按钮,将其设置为100000。然后切换至"大小与属性"选项组,在"对齐方式"区域中将"文字方向"设置为"横排",操作如图 6.24 所示。

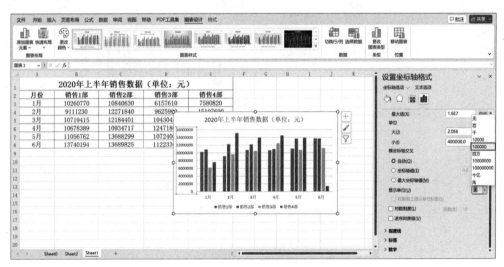

图 6.23 设置坐标轴显示单位

返回图表中,将垂直轴标题移动到合适位置,并更改文字内容为"单位:万元",结果如图 6.25 所示。

**5. 添加趋势线**

用户可以为图表添加趋势线,使图表能够更直观地表达出数据所要传递的信息。如图 6.26所示,选中图表,切换至"图表设计"工具选项卡,在"图表布局"组的"添加图表元素"中的下拉按钮中选择"趋势线"即可添加。

或者单击"图表元素"命令按钮,单击"趋势线"组中的"更多选项"按钮,如图 6.27 所示。

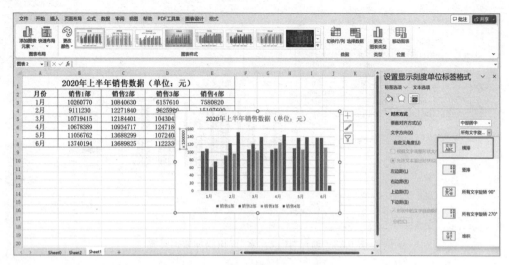

图 6.24  设置文字方向为"横排"

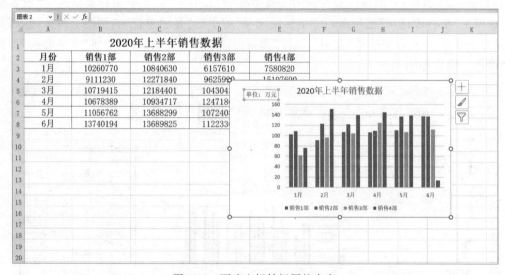

图 6.25  更改坐标轴标题的内容

在打开的"添加趋势线"对话框中选择要添加趋势线的系列,然后单击"确定"按钮,操作如图 6.28 所示。

在打开的"设置趋势线格式"导航窗格中,选择"多项式"单选框,将"阶数"设置为"6",如图 6.29 所示。

然后在"设置趋势线格式"导航窗格中切换至"填充与线条"选项组,将颜色设置为"红色",操作如图 6.30 所示。

设置完毕返回图表中,即可看到添加趋势线的效果,如图 6.31 所示。

### 6. 使用快速布局编辑

Excel 为图表提供了多种预置的布局,用户可以根据需要进行设置,从而对图表做出快速整体的布局。

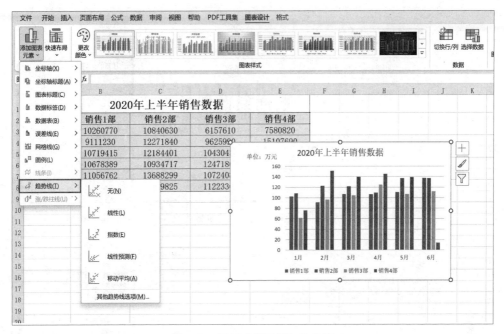

图 6.26　通过功能区添加趋势线

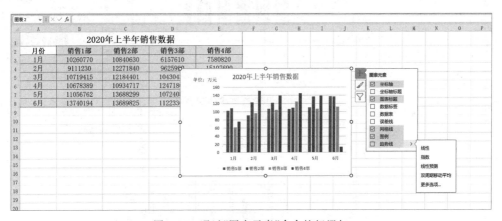

图 6.27　通过"图表元素"命令按钮添加

图 6.28　选择要添加趋势线的系列

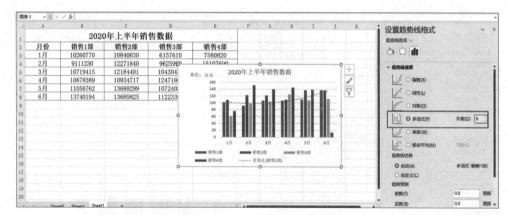

图 6.29　设置"多项式"的阶数为"6"

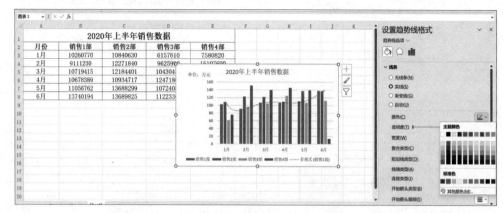

图 6.30　设置趋势线的颜色

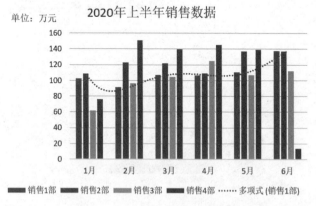

图 6.31　图表添加趋势线的效果

　　如图 6.32 所示,选中图表,切换至"图表设计"工具选项卡,单击"图表"组中的"快速布局"命令下拉按钮,在打开的列表中选择合适的布局即可。当鼠标指向一个布局时,即在图表中显示该布局的预览效果,单击即可应用。

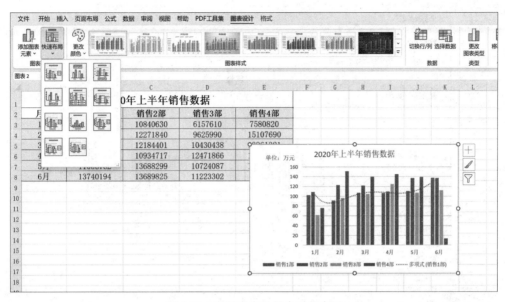

图 6.32　在列表中选择合适的布局

## 二、更改图表类型

如果用户在创建图表时所选择的图表类型不能准确直观地传递数据信息,则需要对图表类型进行更改。

如图 6.33 所示,选择要更改图表类型的图表,切换至"图表设计"工具选项卡,单击"类型"组中的"更改图表类型"按钮。

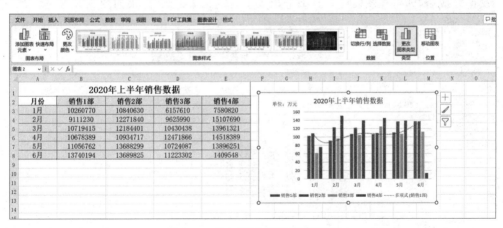

图 6.33　单击"更改图表类型"按钮

在打开的"更改图表类型"对话框中,选择更加合适的图表类型,如图 6.34 所示。

## 三、图表的筛选

与普通工作表区域一样,图表也可以进行筛选。即选中图表,单击"图表筛选器"按钮,

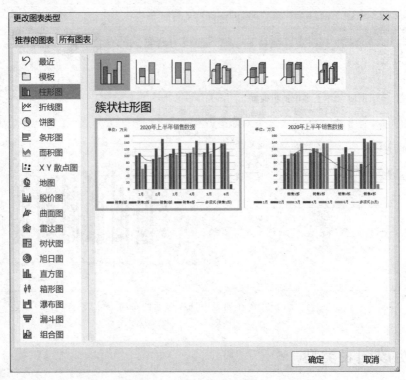

图 6.34  选择合适的图表类型

如图 6.35 所示。在打开的列表中取消"类别"下方的"全选"复选框,然后勾选"1 月"复选框,设置完毕,单击"应用"按钮完成筛选。

操作完成后,即可在图表中看到筛选出了 1 月的相关记录,结果如图 6.36 所示。

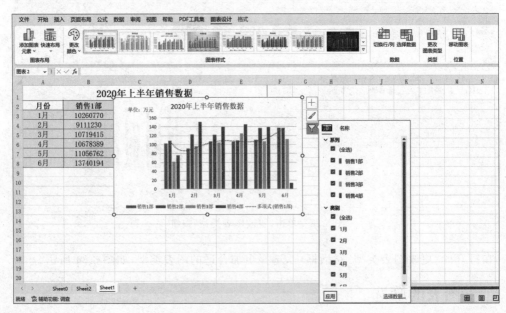

图 6.35  在图表筛选器中进行筛选

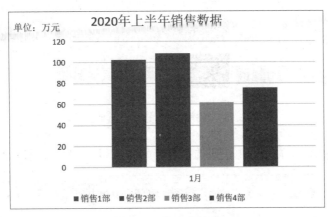

图 6.36 筛选的结果

# 第四节 美 化 图 表

用户在对图表进行必要的编辑后,如果想让图表更加美观,可以对图表的格式和样式做相关处理,从而达到美化图表的效果。关于图表美化,在第五章中已经做过很多介绍,本节主要介绍应用图表样式和应用形状样式。

## 一、应用图表样式

如图 6.37 所示,选择需要更改样式的图表,切换至“图表设计”工具选项卡,单击“图表样式”组中的“其他”命令按钮。

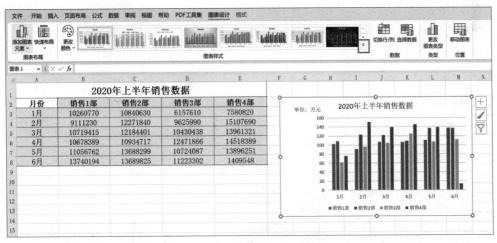

图 6.37 单击“其他”图表样式按钮

在打开的样式库中,选择合适的样式即可,如图 6.38 所示。当鼠标指向一个样式时,即可在图表中看到该样式的预览效果,单击该样式即可应用。

设置结束返回图表中,如果此时对系列值的颜色还不满意,可以选择“图表样式”组中的

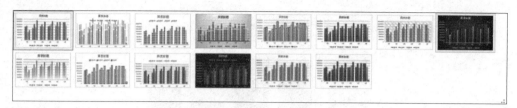

图 6.38　在样式库中选择合适的样式

"更改颜色"命令,在打开的列表中快速选择想要的颜色即可,操作如图 6.39 所示。

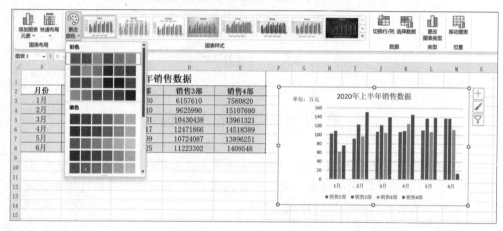

图 6.39　设置系列值的颜色

## 二、应用形状样式

通过"格式"工具选项卡下"形状样式"选项组中的命令,可以对图表的"主题样式""形状填充""形状轮廓"和"形状效果"做出不同的设置。

如图 6.40 所示,选中图表,切换至"格式"工具选项卡,单击"形状样式"组中的"其他"命令按钮。

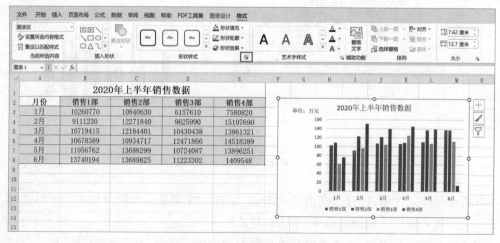

图 6.40　应用形状样式

在打开的样式库中,选择合适的样式即可改变图表主题的样式。当鼠标指针指向一个样式时,在图表中可看到该样式的预览效果,单击该样式即可使用。

## 实训活动

使用 Excel 创建数据图表

目标:通过本实训活动,读者将学习如何使用 Excel 创建数据图表。

步骤如下:

(1) 打开 Excel,并创建一个新的工作簿。

(2) 在新的工作簿中创建一个新的工作表。

(3) 在工作表中输入一些示例数据,以便后续的图表创建。

(4) 使用 Excel 的快速分析功能,选择合适的图表类型并创建一个基本的数据图表。

(5) 调整数据图表的样式和布局,并添加图表标题和数据标签。

(6) 使用 Excel 的图表过滤功能,筛选出符合特定条件的数据。

(7) 使用 Excel 的动态图表功能,创建动态的数据图表。

(8) 针对数据图表进行一些数据分析和解读。

(9) 将数据图表的结果保存到新的工作表中。

(10) 将新的工作表格式化为适当的样式。

(11) 保存工作簿并退出 Excel。

# 第 七 章

# Excel数据分析实例

在本书的前面六章内容中,对商业数据分析的整个流程及流程环节中涉及的 Excel 技术进行了全面深入的讲解。从本章开始,将运用这些技术处理实战中的数据分析问题,加强读者对 Excel 数据分析技术的实战应用。

**学习目标**

- 熟悉用 Excel 进行数据分析的流程。
- 掌握案例中的思路和技巧。

## 第一节 预测畅销商品的销量

某公司生产的商品近期大卖,公司有增加生产线扩大生产的计划,但是领导层还是有所顾虑。

(1) 如果生产线成倍增加后,市场热度减退,生产的商品过剩导致货物积压。

(2) 如果不扩大生产,市场热度持续,库存不足,商品供不应求。

(3) 如果要扩大生产,什么时候扩大最为合适? ……如何才能更好地控制生产计划,降低生产成本和商品存货的风险,更好地把握市场呢?

要解决这些问题,就需要使用趋势线,利用过去的销售数据来预测未来的销量情况,从而更好地控制生产时间和生产量。

趋势线是将变动数据的误差减少到最小限度的曲线,Excel 中提供的趋势线类型有很多,在预测商品未来的销售数量时,为了提高预测的准确度,最好多使用几条趋势线来进行对比分析和综合判断。

下面以根据过去一年的销量数据为基础,预测未来 6 个月在热卖市场持续的情况下的销售数量为例,讲解趋势线的实战应用方法。

## 一、制作历史销售变化倾向图表

某工作人员已经将去年 1—12 月的实际销量情况整理到 Excel 表格中,现在需要根据这些数据创建实际的销量变化折线图表,以此分析历史销售变化的倾向,其操作步骤如下。

选择 A2:B14 单元格区域,单击"插入"选项卡,在"图表"功能组中创建一个折线图,如图 7.1 所示。

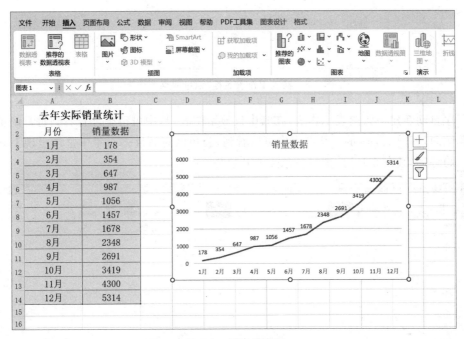

图 7.1　创建折线图

为了让图表最大化,方便查看图表数据,现在需要将其移动到新的图表工作表中。选择图表,在"图表设计"选项卡的"位置"功能组中单击"移动图表"按钮,如图 7.2 所示。在打开

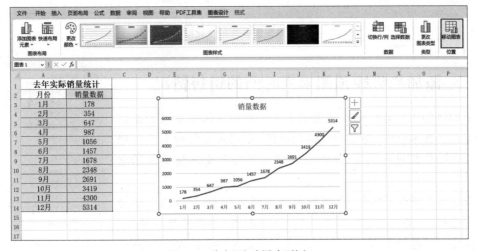

图 7.2　单击"移动图表"按钮

的"移动图表"对话框中选中"新工作表"单选按钮,输入工作表的名称为"销量数据图表",单击"确定"按钮,如图7.3所示。

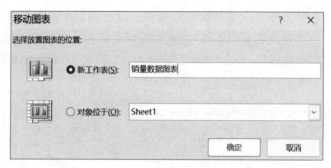

图7.3 输入工作表名称"销量数据图表"

程序自动新建一张图表工作表,在其中仅显示图表,从中可清晰地查看到每月的销售数量变化倾向,如图7.4所示。从图表中可以看到,公司该商品过去一年中整体呈现上升的销量变化趋势,尤其在5月后,销量呈急速上升趋势。

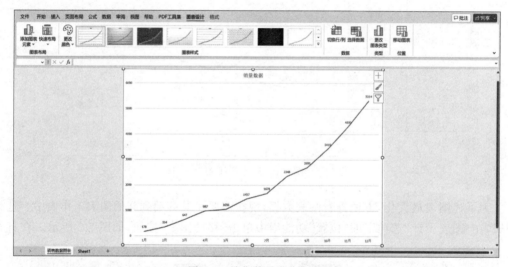

图7.4 销售数量变化倾向

## 二、添加趋势线预测未来时间的销售情况

下面将利用趋势线功能预测未来6个月的时间中商品的销量趋势变化。在本例中,对综合线性趋势线、多项式趋势线和指数趋势线三条趋势线进行判断,从而方便选出最符合实际情况的销量趋势。

首先添加线性趋势线,在折线数据系列上右击,在弹出的快捷菜单中选择"趋势线"命令,如图7.5所示。打开"设置趋势线格式"任务窗格,在"趋势预测"选项组的"前推"文本框中输入"6",选中

图7.5 添加趋势线

"显示公式"和"显示 R 平方值"复选框,如图 7.6 所示。

在这里,需要说明三点问题,具体如下。

- 预测有前推和后推两种情况,主要用于将趋势线向左右两侧延长,其中前推是将趋势线向右侧延长,后推是将趋势线向左侧延长,由于本例是预测未来的 6 个月销售情况,因此设置的是"前推"参数。
- 选中"显示公式"复选框,是指将趋势线的公式显示到图表上,方便后面根据该公式预测未来的销量数据。
- R 平方值是决定系数,通过该系数可以方便地判断趋势线是否合适。R 平方值的取值范围为 0~1,值越接近 1,则表示趋势线越符合实际情况。

为了让趋势线更加直观,单击"填充与线条"图标,将趋势线的宽度设置为"3 磅",单击"关闭"按钮关闭任务窗格,如图 7.7 所示。

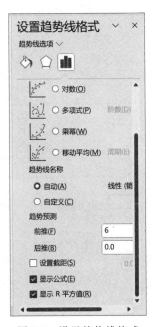

图 7.6　设置趋势线格式

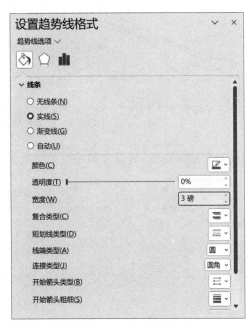

图 7.7　设置趋势线宽度

在返回的图表中即可查看到添加的趋势线,并在趋势线的上方显示对应的公式和 R 平方值。设置该数据的字体格式为"微软雅黑,10 磅",颜色为"黑色,文字 1",然后在图表顶部添加图例元素,并设置其字体格式为"微软雅黑,12 磅",颜色为"黑色,文字 1",设置后的最终效果如图 7.8 所示。

重新选择折线数据系列并右击,在弹出的快捷菜单中选择"添加趋势线"命令,在打开的"设置趋势线格式"任务窗格中选中"多项式"趋势线类型单选按钮,设置"前推"为 6,选中"显示公式"和"显示 R 平方值"复选框,切换到"填充"选项卡,分别设置趋势线的颜色和宽度,完成后单击"关闭"按钮,关闭任务窗格。用相同的方法在销量数据图表中添加指定格式的指数趋势线,并分别设置多项式趋势线和指数趋势线的公式及 R 平方值字体的格式。然后单独选择每个趋势线公式和 R 平方值所在的文本框,按住鼠标左键不放,拖动鼠标调整

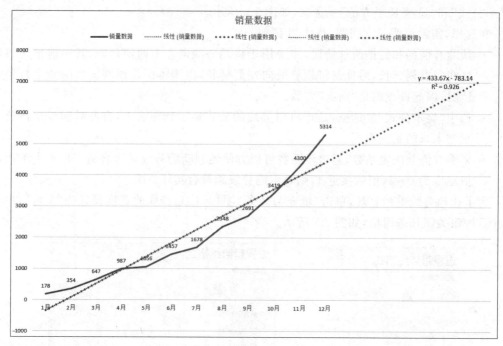

图 7.8　设置后的最终效果

每个文本框到合适的位置,其设置的最终效果如图 7.9 所示。

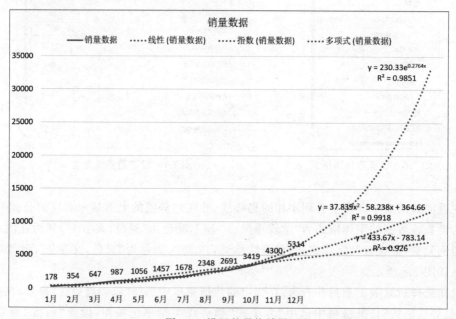

图 7.9　设置的最终效果

## 三、根据趋势公式和 R 平方值确定趋势线的适合度

得到销量数据的趋势线公式后,从中选择最合适的趋势线进行实际的应用。要确定到

底哪条趋势线的实际适合度更高,需要根据趋势线的公式计算未来的预测数据,或者根据 R 平方值进行判断。

从图 7.9 中可以得到三条趋势线的趋势公式和对应的 R 平方值。在公式中,Y 代表销售数量,X 代表月份,可以对比看到,线性趋势线是关于月份 X 的一元一次方程求解,多项式趋势线是关于月份 X 的一元二次方程求解,指数趋势线是关于月份 X 的指数方程求解。

而每种趋势线对应的 R 平方值都大于 0.9,适合度都很高,相对而言,多项式趋势线的适合度更好。

此外,也可以根据肉眼观察趋势线进行对比判断,从整个历史的数据来看,1—10 月的数据变化趋势与趋势线几乎贴合,说明在这个时间段中,三条趋势线的适合度都相差无几。

但是从 11 月开始,三条趋势线的趋势变化出现了较大的差别。其中,指数趋势线的趋势方向远远偏离了线性趋势线的趋势方向和多项式趋势线的趋势方向,与历史数据的趋势相比形成了明显的上升偏离趋势,因此可以判断该条趋势线的适合度没有另外两条趋势线的适合度好,所以不适合用于预测未来的数据。

线性趋势线和多项式趋势线的趋势方向相对历史数据而言,误差小一些,此时要判断这两条趋势线到底哪条更合适,就需要结合当时的市场环境进行综合判断。

在本节的前面提到,此次预测的是在市场持续热卖的情况下商品未来的销量情况,因此也可以判断出趋势相对上涨迅速的多项式趋势线更合适。

## 四、根据趋势公式算出未来销量的预测数据

在选择出最合适的趋势线后,就可以根据该趋势线的趋势公式计算未来销量的预测数据,但是在这之前需要将一元二次方程的表达式转换为 Excel 中可识别的一元二次方程。

在 Excel 中,程序对 $X^2$ 的表达方式是不能识别的,需要将 $X^2$ 转换为 $X\hat{\ }2$ 的方式来表示,即在 Excel 中,多项式趋势线的公式应该为"$=37.839*X\hat{\ }2-58.238*X+364.66$"。

下面根据去年 1—6 月的历史销量数据预测今年 1—6 月的销量数据,为了得到一年后的 6 个月的预测销量,这里将预测的 1—6 月的月份修改为 13~18,其表格设计如图 7.10 所示。

| | A | B | C | D | E | F | G |
|---|---|---|---|---|---|---|---|
| | D1 | fx 未来6个月的销量数据预测 | | | | | |
| 1 | 去年实际销量统计 | | | 未来6个月的销量数据预测 | | | |
| 2 | 月份 | 销量数据 | | 月份 | 预测月份 | 多项式预测销量 | |
| 3 | 1月 | 178 | | 1月 | 13 | | |
| 4 | 2月 | 354 | | 2月 | 14 | | |
| 5 | 3月 | 647 | | 3月 | 15 | | |
| 6 | 4月 | 987 | | 4月 | 16 | | |
| 7 | 5月 | 1056 | | 5月 | 17 | | |
| 8 | 6月 | 1457 | | 6月 | 18 | | |
| 9 | 7月 | 1678 | | | | | |
| 10 | 8月 | 2348 | | | | | |
| 11 | 9月 | 2691 | | | | | |
| 12 | 10月 | 3419 | | | | | |
| 13 | 11月 | 4300 | | | | | |
| 14 | 12月 | 5314 | | | | | |
| 15 | | | | | | | |
| 16 | | | | | | | |

图 7.10　表格设计

选择 F3 单元格,在编辑栏中输入公式"=37.839 * E3^2−58.238 * E3＋364.66",按 Ctrl＋ Enter 组合键确认输入的公式,并计算出 1 月的销量数据的预测值。双击控制柄填充公式, 计算 2—6 月的销量数据的预测值,如图 7.11 所示。

| F3 | ∨ : × ✓ fx | =37.839*E3^2-58.238*E3+364.66 | | | | |
|---|---|---|---|---|---|---|
| | A | B | C | D | E | F | G |
| 1 | 去年实际销量统计 | | | 未来6个月的销量数据预测 | | | |
| 2 | 月份 | 销量数据 | | 月份 | 预测月份 | 多项式预测销量 | |
| 3 | 1月 | 178 | | 1月 | 13 | 6002.357 | |
| 4 | 2月 | 354 | | 2月 | 14 | 6965.772 | |
| 5 | 3月 | 647 | | 3月 | 15 | 8004.865 | |
| 6 | 4月 | 987 | | 4月 | 16 | 9119.636 | |
| 7 | 5月 | 1056 | | 5月 | 17 | 10310.085 | |
| 8 | 6月 | 1457 | | 6月 | 18 | 11576.212 | |
| 9 | 7月 | 1678 | | | | | |
| 10 | 8月 | 2348 | | | | | |
| 11 | 9月 | 2691 | | | | | |
| 12 | 10月 | 3419 | | | | | |
| 13 | 11月 | 4300 | | | | | |
| 14 | 12月 | 5314 | | | | | |
| 15 | | | | | | | |
| 16 | | | | | | | |

图 7.11　计算 2—6 月销量数据的预测值

为了便于查看,需要对小数位数进行处理,由于整个数据都是进行的预测计算,并不要 求结果那么的精确,因此这里不需要使用对应的小数位数处理函数来处理预测结果的尾数。 保持预测数据的选择状态,单击"开始"选项卡"数字"功能组中的"减少小数位数"按钮,直到 小数变为正数,如图 7.12 所示。

| A1 | ∨ : × ✓ fx | 去年实际销量统计 | | | | |
|---|---|---|---|---|---|---|
| | A | B | C | D | E | F | G |
| 1 | 去年实际销量统计 | | | 未来6个月的销量数据预测 | | | |
| 2 | 月份 | 销量数据 | | 月份 | 预测月份 | 多项式预测销量 | |
| 3 | 1月 | 178 | | 1月 | 13 | 6002 | |
| 4 | 2月 | 354 | | 2月 | 14 | 6966 | |
| 5 | 3月 | 647 | | 3月 | 15 | 8005 | |
| 6 | 4月 | 987 | | 4月 | 16 | 9120 | |
| 7 | 5月 | 1056 | | 5月 | 17 | 10310 | |
| 8 | 6月 | 1457 | | 6月 | 18 | 11576 | |
| 9 | 7月 | 1678 | | | | | |
| 10 | 8月 | 2348 | | | | | |
| 11 | 9月 | 2691 | | | | | |
| 12 | 10月 | 3419 | | | | | |
| 13 | 11月 | 4300 | | | | | |
| 14 | 12月 | 5314 | | | | | |
| 15 | | | | | | | |
| 16 | | | | | | | |

图 7.12　对小数位数进行处理

有了多项式趋势线预测销量的数据支持,对生产计划就有了明确的决策指导。此时,公 司只需根据商品从订货到发货经历的时间(研制周期)来确定何时进行生产,例如,该商品的 研制周期需要半个月的时间,那么公司只需提前半个月生产出商品即可。

## 第二节　计算产品最大利润的产量

某工厂将生产五种产品,已知这几种产品每件的毛利润及其从原料到成品所需的生产时间见表7.1。

**表 7.1　各产品的单件毛利润和所需的生产时间**

| 生产产品的基本信息 | | | |
| --- | --- | --- | --- |
| 产品名称 | 毛利润/件 | 生产时间/件 | 单位时间毛利润 |
| 产品 1 | 17586 | 8 | 2198.25 |
| 产品 2 | 30789 | 13 | 2368.38 |
| 产品 3 | 15784 | 5 | 3156.80 |
| 产品 4 | 47893 | 14 | 3420.93 |
| 产品 5 | 26471 | 9 | 2941.22 |

在制订生产计划时,有以下几个生产限制条件。

(1) 最大生产时间为 4320。

(2) 最大生产数量为 400。

(3) 所有产量数据必须为整数。

(4) 每种产品的生产数量不低于 30。

(5) 产品 5 的生产数量不得低于总产量的 20%。

现在要求在满足这些条件的情况下,考虑每种产品要生产多少才能让产品产生的毛利润最大,并且以改善生产为目的,将产品的数据进行一些修改,然后得出更改数据后的各种产品的生产数量如何分配才能让毛利润最大,同时对变更数据前后的结果进行分析。

直接使用 Excel 提供的规划求解工具即可完成最优数据配置的求解,但是在这之前,首先要厘清解决该问题的思路,具体解析过程如下。

(1) 公式化生产目的和限制条件。

(2) 利用规划求解工具对原始数据进行求解。

(3) 在可行的条件下,对数据源的部分生产数据进行修改。

(4) 利用规划求解工具对数据重新求解,并生成报告。

(5) 编辑报告,查看数据变化前后的毛利润差额和生产数量差额,解读报告结果。

## 一、公式化生产目的与限制条件

公式化生产目的与限制条件,是指将用文字描述的信息转换为 Excel 可以处理的数据。这就要求首先设计合适的数据表格。在本例中,需要设计的表格有三部分,分别是生产产品的基本信息(见表 7.1)、生产计划的限制条件和生产计划,其设计的最终效果如图 7.13 所示。

在生产计划表格区域中,各单元格的设置如下。

• 各产品的计划生产数量为可变单元格,即 D11:D15 单元格区域,这里预设初期默认产

图 7.13 最终设计效果

量都为 0,在 D16 单元格中合计的计划总产量的计算公式为"=SUM(D11:D15)"。

- 各产品的毛利润计算公式为"单件毛利润×计划生产数量",因此可以选择 E11:E15 单元格区域,在其中填充公式"=B11 * D11"。本列的目标结果保存在 E16 单元格中,其计算公式为"=SUM(E11:E15)"。

- 各产品的生产时间计算公式为"单件生产时间×计划生产数量",因此可以选择 F11:F15 单元格区域,在其中填充公式"=C11 * D11"。在 F16 单元格中填充合计需要的总时间的计算公式为"=SUM(F11:F15)"。

在生产计划的限制条件表格区域中,各单元格的设置如下。

- 最大生产时间为 4320,因此在 G2 单元格中输入 4320。
- 最大生产数量为 400,因此在 G3 单元格中输入 400。
- 每种产品的生产数量不低于 30,因此在 G4 单元格中输入 30。
- 产品 5 的生产数量不得低于总产量的 20%,因此在 G5 单元格中输入公式"=D16 * 20%"。

最终公式化生产目的与限制条件后的表格效果如图 7.14 所示。

| | 生产产品的基本信息 | | | | 生产计划的限制条件 | | |
|---|---|---|---|---|---|---|---|
| 产品名称 | 毛利润/件 | 生产时间/件 | 单位时间毛利润 | | 最大生产时间 | 4320 | 以下 |
| 产品1 | 17586 | 8 | 2198.25 | | 最大生产数量 | 400 | 以下 |
| 产品2 | 30789 | 13 | 2368.38 | | 每种产品的生产数量 | 30 | 以上 |
| 产品3 | 15784 | 5 | 3156.80 | | 产品5的生产数量 | 75 | 以上 |
| 产品4 | 47893 | 14 | 3420.93 | | | | |
| 产品5 | 26471 | 9 | 2941.22 | | | | |
| | | | | | | | |
| | 生产计划 | | | | | | |
| 产品名称 | 毛利润/件 | 生产时间/件 | 计划生产数量 | 总毛利 | 花费的生产时间 | | |
| 产品1 | 17586 | 8 | 0 | | 0 | | |
| 产品2 | 30789 | 13 | 0 | | 0 | | |
| 产品3 | 15784 | 5 | 0 | | 0 | | |
| 产品4 | 47893 | 14 | 0 | | 0 | | |
| 产品5 | 26471 | 9 | 0 | | 0 | | |
| | 合计 | | 0 | | 0 | | |

图 7.14 公式化生产目的与限制条件后的表格效果

## 二、利用规划求解工具计算最优产量组合

在利用规划求解工具计算最优产量组合时，最关键的是约束条件的设置，在这里将所有的生产数据公式化并在表格中填写，只需根据制定生产计划时提出的限制条件完成约束条件的设置即可。在本例中，生产计划的约束条件有五点，下面详细介绍如何通过规划求解工具找出满足约束条件下的各产品的最优产量组合。

首先选择目标单元格，这里选择 E16 单元格，单击"数据"选项卡，在"分析"功能组中单击"规划求解"按钮（如果没有找到该按钮，说明当前 Excel 程序还未加载规划求解工具，需要先手动加载该工具），如图 7.15 所示。

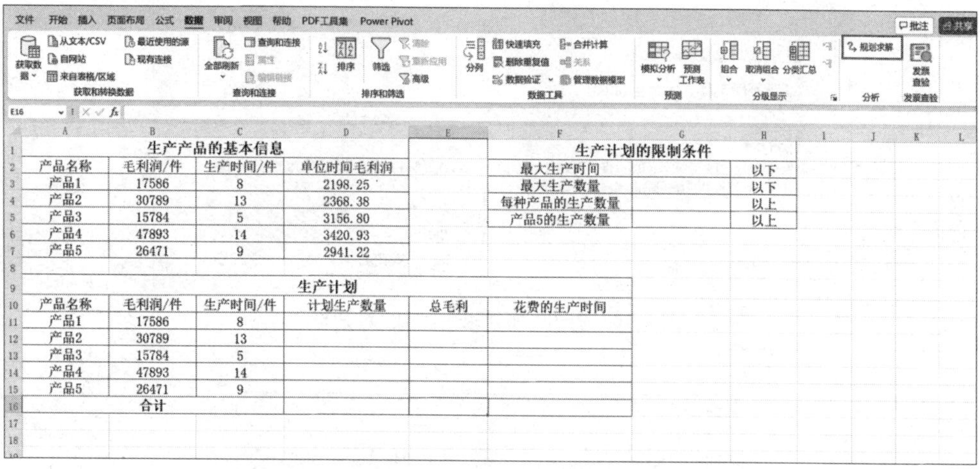

图 7.15　单击"规划求解"按钮

在打开的"规划求解参数"对话框的"设置目标"参数框中，程序自动设置为 E16 单元格，由于本例是计算最优的产量组合，因此保持"最大值"单选按钮的选中状态，将文本插入点定位到"通过更改可变单元格"参数框中，在表格中选择 D11:D15 单元格区域确认设置本次规划求解的可变单元格位置，单击"添加"按钮，如图 7.16 所示。

打开"添加约束"对话框，在其中设置约束条件"F16＜＝G2"，即实际需要的生产总时间不能超过 4320，单击"添加"按钮，如图 7.17 所示。

程序继续打开"添加约束"对话框，在其中设置约束条件"D16＜＝G3"，即实际需要生产的各产品的总量不能超过 400，单击"添加"按钮，如图 7.18 所示。

由于各产品的生产数据必须为整数，所以在打开的"添加约束"对话框中设置单元格引用为 D11:D15 单元格区域，在中间的下拉列表框中选择"int"选项，在右侧的"约束"参数框中自动显示"整数"（其实这里可以单独对每个单元格进行约束设置，即"D11int 整数""D12int 整数""D13int 整数""D14int 整数"和"D15int 整数"，只是比较烦琐），单击"添加"按钮，如图 7.19 所示。

在打开的"添加约束"对话框中设置约束条件"D11:D15＞＝G4"，即每种产品的生产数量不低于 30，单击"添加"按钮，如图 7.20 所示。

由于产品 5 的生产数量不得低于总产量的 20%，该约束结果已经在 G5 单元格中公式

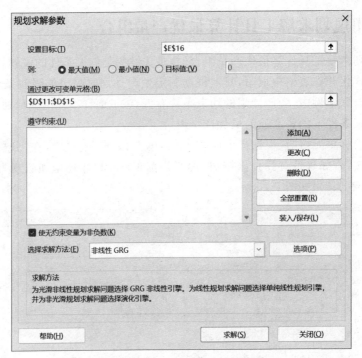

图 7.16  打开"规划求解参数"对话框

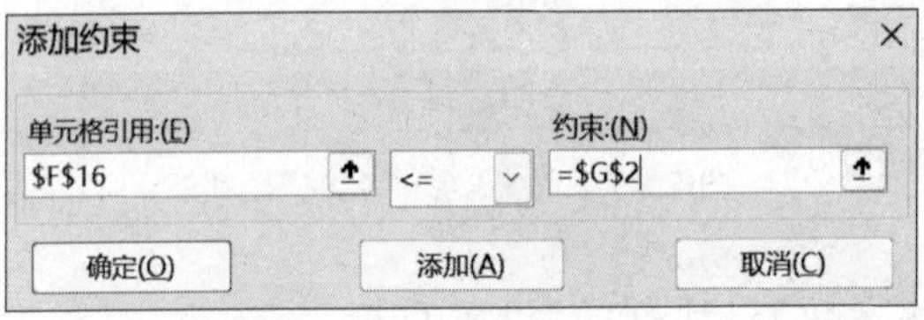

图 7.17  设置约束条件"F16≤=G2"

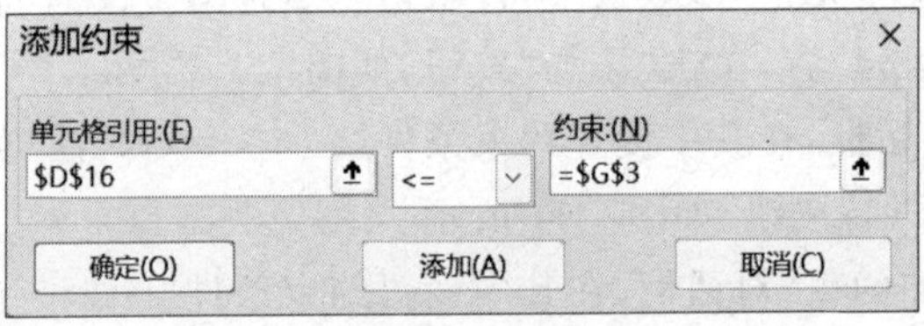

图 7.18  设置约束条件"D16≤=G3"

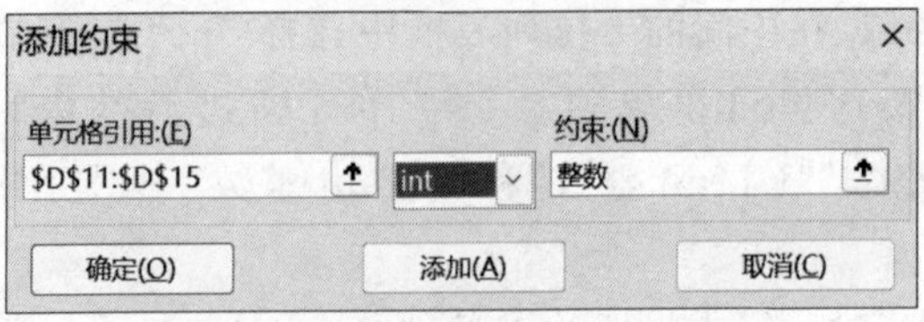

图 7.19  设置约束条件为 int 整数

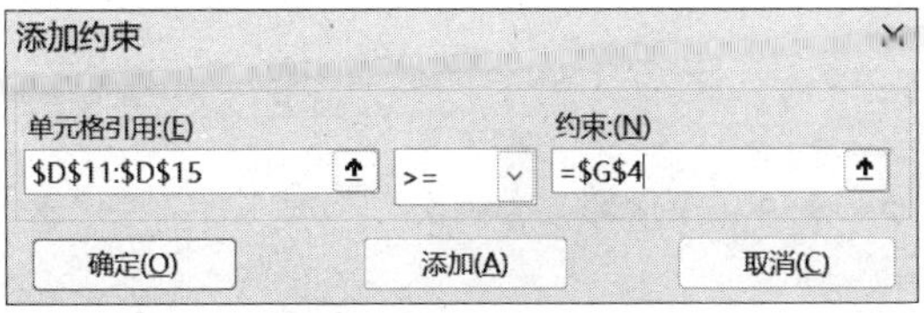

图 7.20 设置约束条件"D11:D15≥=G4"

化,因此,在打开的"添加约束"对话框中直接设置约束条件"D15≥=G5",如图 7.21 所示。单击"确定"按钮,返回"规划求解参数"对话框,在"遵守约束"列表框中即可查看到添加的所有约束条件,如图 7.22 所示。

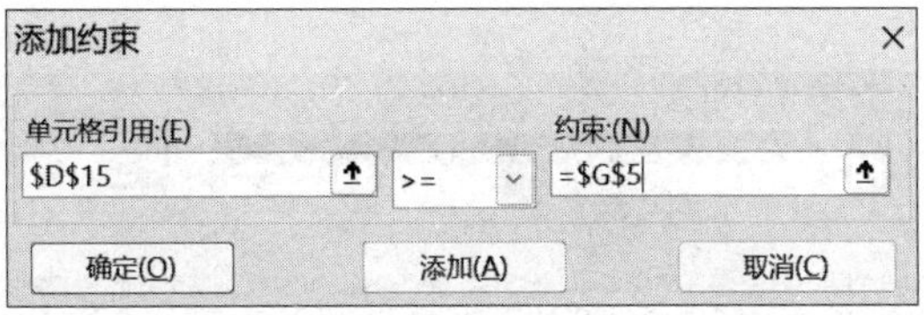

图 7.21 设置约束条件"D15≥=G5"

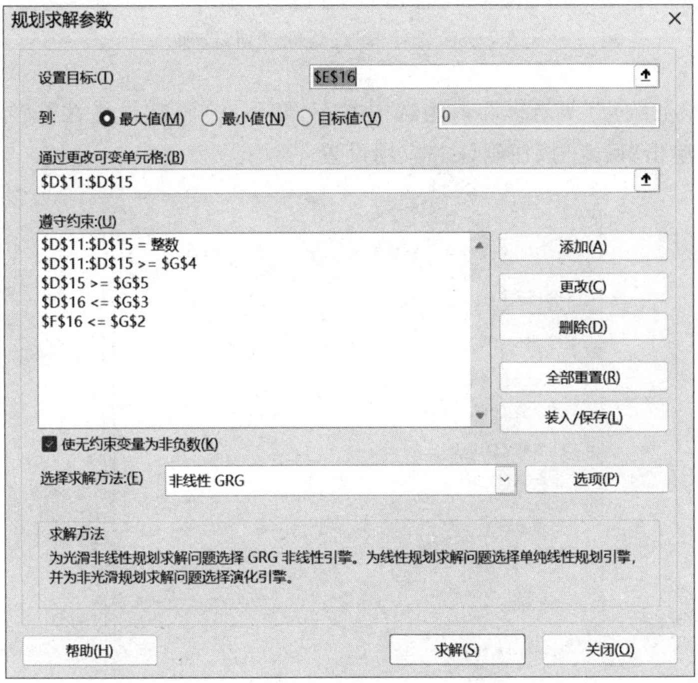

图 7.22 查看添加的所有约束条件

本例是求解最大毛利润的问题,属于典型的线性规划问题,因此,为了提高求解的速度,同时保证有解,这里在"选择求解方法"下拉列表框中选择"单纯线性规划"选项,单击"选项"按钮,如图 7.23 所示。

由于在生产计划约束条件中提出各产品的产量必须为整数,因此在打开的"选项"对话

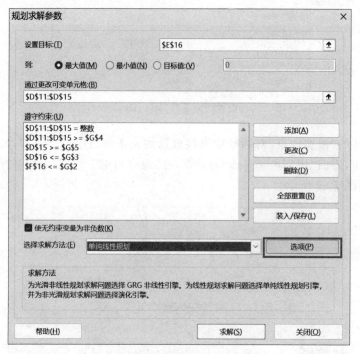

图 7.23　选择"单纯线性规划"选项

框中确保"忽略整数约束"复选框为取消选中状态,然后在"整数最优性"文本框中输入"0",
如图 7.24 所示,单击"确定"按钮确认并应用设置。

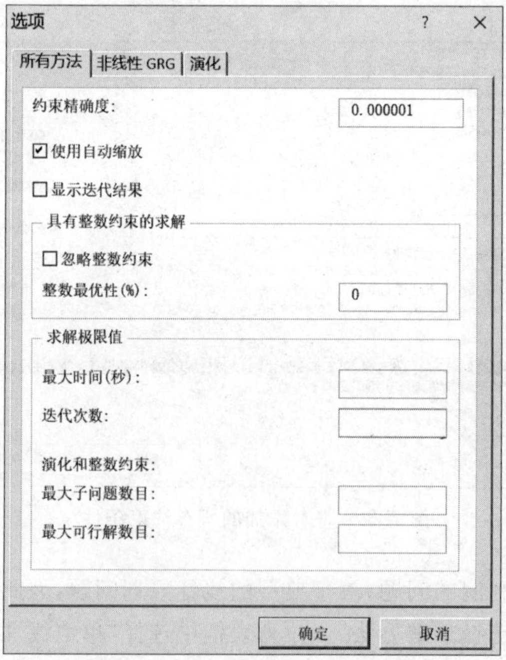

图 7.24　"选项"对话框

在返回的"规划求解参数"对话框中单击"求解"按钮,打开"规划求解结果"对话框,其中显示了"规划求解找到一解,可满足所有的约束及最优状况"的相关提示信息。确保"保留规划求解的解"单选按钮的选中状态(如果不想在表格中保留规划求解的解,选中"还原初值"单选按钮即可),单击"确定"按钮,如图 7.25 所示。

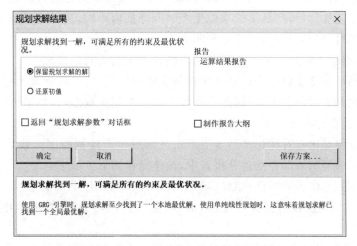

图 7.25　"规划求解结果"对话框

程序自动进行规划求解运算,并将最终的求解结果显示在数据源的表格中,返回工作表中即可查看最终的结果,如图 7.26 所示。

| | A | B | C | D | E | F | G | H | I |
|---|---|---|---|---|---|---|---|---|---|
| 1 | | 生产产品的基本信息 | | | | 生产计划的限制条件 | | | |
| 2 | 产品名称 | 毛利/件 | 生产时间/件 | 单位时间毛利润 | | 最大生产时间 | 4320 | 以下 | |
| 3 | 产品1 | 17586 | 8 | 2198.25 | | 最大生产数量 | 400 | 以下 | |
| 4 | 产品2 | 30789 | 13 | 2368.38 | | 每种产品的生产数量 | 30 | 以上 | |
| 5 | 产品3 | 15784 | 5 | 3156.80 | | 产品5的生产数量 | 75 | 以上 | |
| 6 | 产品4 | 47893 | 14 | 3420.93 | | | | | |
| 7 | 产品5 | 26471 | 9 | 2941.22 | | | | | |
| 8 | | | | | | | | | |
| 9 | | | | 生产计划 | | | | | |
| 10 | 产品名称 | 毛利润/件 | 生产时间/件 | 计划生产数量 | 总毛利 | 花费的生产时间 | | | |
| 11 | 产品1 | 17586 | 8 | 30 | 527580 | 240 | | | |
| 12 | 产品2 | 30789 | 13 | 30 | 923670 | 390 | | | |
| 13 | 产品3 | 15784 | 5 | 30 | 473520 | 150 | | | |
| 14 | 产品4 | 47893 | 14 | 204 | 9770172 | 2856 | | | |
| 15 | 产品5 | 26471 | 9 | 76 | 2011796 | 684 | | | |
| 16 | | 合计 | | 370 | 13706738 | 4320 | | | |
| 17 | | | | | | | | | |

图 7.26　最终的求解结果

从求解结果来看,虽然产品 4 所花费的时间比较长,但是该产品单位时间内的毛利润最高,因此在生产计划中最终的计划生产数量最多。而产品 1、产品 2 和产品 3 都只生产了最低生产数量。对于产品 5 而言,由于必须达到生产总量的 20% 及以上的生产限制,因此其生产量相对产品 1、产品 2 和产品 3 而言,计划生产数量要多一些。按这种生产计划生产各产品,可以得到以下结论。

- 最终花费的生产时间为 4320,达到预计的最大生产时间。
- 最终计划生产的总产量为 370。
- 生产的五种产品产生的最大总毛利润为 13706738 元。

## 三、优化数据并重新计算最优产量组合

为了改善生产,工厂决定对其中某种产品的生产工艺进行优化。从单位时间产生的毛利润来看,产品1的单位时间毛利润最低,因此考虑对其生产工艺进行优化。

假设经过工艺优化后,产品1的单位生产时间降低两小时,单件毛利润增加15%,即产品1的单位生产时间为6小时,单件毛利润为17586+17586×0.15=20223.9(元)。改善生产工艺后,下面继续求解如何生产各种产品才能让产生的毛利润最大。

由于前面已经在该表格中进行过一次规划求解操作,设置的目标单元格、可变单元格和约束条件等参数都被保留了下来,因此在修改产品1的相关数据后,如果再次进行规划求解操作,就不需要设置这些操作了。

但是为了方便对比查看优化产品1生产工艺前后生产计划的生产数量和毛利润差额,此次需要将规划求解结果保存到运算报告中,具体操作如下。

在"原始数据"工作表的生产计划区域中,将产品1的单件毛利润修改为20223.9,单件生产时间修改为6,其他数据保持不变,单击"数据"选项卡"分析"功能组中的"规划求解"按钮。

在打开的"规划求解参数"对话框中,可以查看到保留的目标单元格、可变单元格、约束条件和求解方法,保持这些参数的默认设置不变,单击"求解"按钮,在打开的"规划求解结果"对话框中保持"保留规划求解的解"单选按钮的选中状态,选择"报告"列表框中的"运算结果报告"选项,单击"确定"按钮。

返回工作表中即可查看到,在生产计划区域中,计划生产数量、毛利润和生产时间都发生了变化,在生产计划的限制条件中,产品5的生产数量的最低值也发生了变化,同时创建了一张名为"运算结果报告1"的工作表,如图7.27所示。

| | A | B | C | D | E | F | G | H |
|---|---|---|---|---|---|---|---|---|
| 1 | 生产产品的基本信息 | | | | | 生产计划的限制条件 | | |
| 2 | 产品名称 | 毛利润/件 | 生产时间/件 | 单位时间毛利润 | | 最大生产时间 | | 以下 |
| 3 | 产品1 | 17586 | 8 | 2198.25 | | 最大生产数量 | | 以下 |
| 4 | 产品2 | 30789 | 13 | 2368.38 | | 每种产品的生产数量 | | 以上 |
| 5 | 产品3 | 15784 | 5 | 3156.80 | | 产品5的生产数量 | | 以上 |
| 6 | 产品4 | 47893 | 14 | 3420.93 | | | | |
| 7 | 产品5 | 26471 | 9 | 2941.22 | | | | |
| 8 | | | | | | | | |
| 9 | 生产计划 | | | | | | | |
| 10 | 产品名称 | 毛利润/件 | 生产时间/件 | 计划生产数量 | 总毛利 | 花费的生产时间 | | |
| 11 | 产品1 | 20223.9 | 8 | 32 | 647164.8 | 192 | | |
| 12 | 产品2 | 30789 | 13 | 30 | 923670 | 390 | | |
| 13 | 产品3 | 15784 | 5 | 30 | 473520 | 150 | | |
| 14 | 产品4 | 47893 | 14 | 208 | 9961744 | 2912 | | |
| 15 | 产品5 | 26471 | 9 | 75 | 1985325 | 675 | | |
| 16 | | 合计 | | 375 | 13991423.8 | 4319 | | |
| 17 | | | | | | | | |

图7.27　"运算结果报告1"的工作表

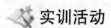 实训活动

### Excel 数据分析实例

目标:通过本实训活动,读者将应用 Excel 的数据处理和分析技能,对实际数据进行分析。

步骤如下：

（1）打开 Excel，并创建一个新的工作簿。

（2）选择一个数据分析实例，如销售数据分析、客户数据分析、财务数据分析等。

（3）导入或输入相关的数据，确保数据的完整性和准确性。

（4）利用 Excel 的各种数据处理和分析技能，如排序、筛选、分类汇总、函数和公式、数据透视表、图表等，对数据进行分析。

（5）根据数据分析的结果，提出一些结论和建议，并将其记录在工作表中。

（6）在工作表中创建一个适当的图表，提供可视化的数据分析结果。

（7）将数据分析结果和结论整理成报告或演示文稿，以便向他人传达分析结果和建议。

（8）保存工作簿并退出 Excel。

# 第 八 章

# 撰写数据分析报告

数据分析报告是数据分析与决策之间的桥梁,将复杂的数据集转换为清晰、易理解的信息,为决策者提供可行的见解和建议。本章中将引领读者深入理解数据分析报告的本质,使数据不仅仅被看见,更能启发思考,驱动行动。

**学习目标**

- 了解数据分析报告的概念、作用和种类。
- 了解数据分析报告的结构。
- 明确撰写数据分析报告的要点。

## 第一节　认识数据分析报告

### 一、数据分析报告的概念

简单来说,数据分析报告就是使用办公软件完成数据分析结果的展示和解读,是数据分析结果的有效承载形式。

在具体适用范围方面,如果需要使用投影,用于会议交流,则建议使用 PPT 报告;如果作为正式文件下发,或者追求效率,或者需要大量文字上的解读说明,则建议使用 Word 报告;而 Excel 报告供数据查询使用,可以作为正式报告的附件。

### 二、数据分析报告的作用

作为数据分析结果的载体,数据分析报告的作用主要体现在四个方面。

陈述项目概况:在报告中将项目研究的背景、目的、内容、流程、主要结论等相关内容进行简要描述,让阅读者能够全面了解项目的基本情况,认同项目价值及操作方式。

展示分析结果:将数据分析结果通过图文清晰地展示给阅读者,以便他们能够快速理解、分析数据结论及建议等内容。

验证分析质量：阅读者可以通过对研究理论依据、逻辑结构、内容呈现方式、结论与建议的价值等方面的评估，判断整个数据分析过程是否科学和严谨。

提供决策参考：数据分析的最终目的是指导经营决策，而数据分析报告可以将数据分析结论以更直接、更简洁的方式展现出来，使得决策者能够在最短的时间内获取关键信息，达到数据分析辅助决策的目的。

## 三、数据分析报告的种类

数据分析报告根据数据分析的对象不同可以分为行业级和企业级，根据数据分析的内容不同可以分为综合型、专题型和日常型，根据出具报告的主体不同又可以分为三方机构分析报告和企事业单位自制分析报告，而每种类型又有其各自的特点。

（1）行业级分析报告主要针对某一行业的发展历史、发展现状、发展趋势进行分析。采用的分析方法主要有宏观环境（PEST）分析、波特五力模型分析等。

（2）企业级分析报告主要针对某一企业的客户、产品、服务等方面进行分析。采用的分析方法主要有 SWOT、4P、5W2H、用户行为理论等。

（3）综合型分析报告是指站在全行业的高度反映总体特征，然后做出总体评价，得出总体认识，其最显著的特征就是全面、综合、系统、协调。

（4）专题型分析报告是指针对行业或者企业的某一方面或某个问题进行专门研究的一种分析报告，其最显著的特征是围绕某一主题进行深入研究，注重研究的深度。

（5）日常型分析报告一般是指数据通报，以定期数据分析为基础，用来反映计划执行情况、业务量发展情况、投诉量变动情况等，又分为日报、周报、月报、季报、年报等，其最显著的特征是时效性，能够让决策者随时掌握企业整体或某一方面的发展动态。

（6）三方机构分析报告是指由高校、证券公司、咨询公司、市场调研公司等主体出具的分析报告，以经济整体形势、市场发展趋势、客户需求分析等市场层数据为主，在封面和内页中常常含有三方公司的名称及 Logo，其最显著的特征是专业性和中立性。

（7）企事业单位自制分析报告主要是对自身发展情况分析结果的呈现，以业务发展情况、经营业绩分析等企业层数据为主，其最显著的特征是因为涉及实际经营分析数据，所以保密级别非常高。

# 第二节 数据分析报告的结构

数据分析报告需要遵循一定的结构化思维，经典的报告结构是"总—分—总"结构，主要包括概述、论证和总结三大部分。其中，概述部分又包括封面、目录、分析背景、分析目的及解释说明；论证部分为报告正文，包括分析思路、分析过程和分析结果；总结部分包括主要结论、项目建议及附录，如图 8.1 所示。

下面以国际环保组织绿色和平发布的《中国大陆主要城市消费观念与行为调查研究报告》为例，对数据分析报告的各组成部分进行详细的分析。

图 8.1    数据分析报告的结构

## 一、封面页

封面页主要由标题、撰写人/撰写部门/撰写单位及日期组成。

标题是整个封面页乃至整个报告的灵魂,要求直截了当、文题相符、简洁干练,最好在一行以内,最多不超过两行,如果内容较多,则可以以主、副标题的形式展现。在正式的商务场合,标题要严谨,切忌出现夸大、随意、错误等情况。

标题主要有四种常见类型。

一是概括主要内容,如《2012 年中国宽带速率状况报告》。这也是最常看到的标题类型,没有任何感情色彩,中立、客观。

二是突出发布单位,如《瑞银:2012 年中国宏观经济展望》。一般地,当发布单位为权威的三方机构时,为了强调报告的科学性和前沿性,会加上三方机构的名称。

三是强调主要结论,如《2012 年全球软实力研究报告:中国影响力上升》。这种类型的标题越来越常见,它将主要结论作为标题的一部分,当阅读者时间有限,难以观报告全貌时,可从标题中获得主要信息。

四是提出关键问题,如《我们为何看好中国:投资者反馈和全球影响》。用反问语气的标题不仅可以表现数据分析的主题,还能够激发阅读者的阅读兴趣,增强标题的艺术性。

如图 8.2 所示,封面页组成元素包括标题、呈交单位、提交单位和具体日期,而插入图片的主要目的是让 PPT 报告在视觉上更有设计感。

## 二、目录和过渡页

目录可以帮助阅读者快速找到所需的内容,主要由各章节名称组成。在 Word 版报告中,目录更加严谨,分为一级目录、二级目录,如果有必要,可以添加三级目录;在 PPT 版报

图 8.2　封面页示例

告中,目录主要用于引导阅读者了解全文的主要内容,如果报告内容较丰富,为了让报告更有条理性,也为了引导阅读者阅读,可以添加过渡页,起到承上启下的作用;在 Excel 报告中,可以通过设置超链接将每张工作表的名称链接到一张工作表上,作为报告的目录。

如图 8.3 所示,该 PPT 报告中没有目录,但是过渡页非常清晰,阅读者能够明确每一部分的主题。

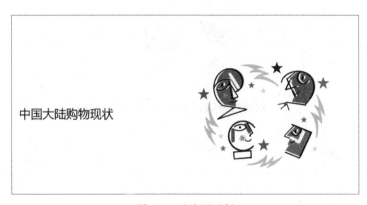

图 8.3　过渡页示例

需要注意的是,一般在正文内容超过 8～10 页的 PPT 报告中,目录和过渡页必须同时具备,可以让整个报告更完整,在形式上也更显专业。

## 三、解释说明页

解释说明页是对影响数据分析质量的关键因素进行详细描述,一般包括项目执行方式、总样本量、样本构成、指标解释、特殊情况说明等内容。

需要注意的是,PPT 报告没有"分析背景和分析目的"的相关内容。一般来说,"分析背景"主要是指内、外部环境的变化,内部环境变化包括企业市场目标调整、新产品上市、新技术研发等,外部环境变化包括市场需求变化、政策导向变化、竞争对手战略调整等;而"分析目的"就是围绕背景的一系列变化,及时发现、解决企业现阶段存在的各种问题,帮助决策者应对环境变化,把握市场机会。每份数据分析报告都要有一个明确的"分析目的",分析目的越明确,报告的指导意义越强,报告也越有价值。

## 四、正文

正文是数据分析报告的核心内容,通过图文结合,系统、全面地呈现数据分析的过程和结果。作为"总—分—总"结构中的"分",PPT报告中的每一页都是一个分论点,每个论点间互相印证和补充,最后得出报告的主要结论。所以,我们得到的结论是否经过了严密的科学论证,通过正文就可以看出来。

如图8.4所示,该PPT报告得出的结论之一是:购物过剩现象突出。那么,怎样论证这个结论呢?该报告给出了五个分论点:一是衣柜中有未拆标签的衣服;二是消费者不能忍受长时间不购物,且女性购物相对频繁;三是平均每月购物花费接近1000元;四是平均每天花2小时在网络购物上;五是意识到购物过剩,多数人仍无法克制。借助图表呈现与文字解读,我们有理由相信"购物过剩现象突出"这个观点是合理且真实存在的。

图8.4 正文(论点1)示例

## 五、结论与建议

结论与建议是对正文内容的深化与升华。结论要求高度概括内容,精准定位问题;建议要求有针对性和可行性,最终实现保持优势和改进劣势,切忌纸上谈兵、不切实际。所以,从某一方面来说,数据分析师对企业业务是否熟悉,是否有管理学/心理学等多学科的知识储备,通过结论与建议就能判断出来。

该报告主要得出3个核心结论:结论1是行为现象,即购物过剩现象突出;结论2和结论3是心理现象,即购物过剩还不愿意让别人知道。内因是心理满足感,外因是商家刺激。

需要注意的是,该报告没有提出相关的建议。这是因为该报告最大的价值是发现"购物过剩"这一社会现象,并没有定性"购物过剩"是积极的社会行为还是消极的社会现象,也就不需要鼓励或者改善这种社会现象。所以,在撰写数据分析报告时,结论是一定要具备的,而建议可以从客户需求、项目目的、项目价值点、问题挖掘、数据支撑等多方面判断是否需要。

## 六、附录

虽然《中国大陆主要城市消费观念与行为调查研究报告》中没有附录部分,但它也是数据分析报告非常重要的组成部分。附录可以是原始数据,也可以是加工后的全量数据,还可以是调查问卷,或者样本量构成。有了附录,整个报告会显得更完整。如果附录内容较多,则建议增加附件,然后在 PPT 报告中插入"对象",将附件内容链接到 PPT 中。

# 第三节　撰写数据分析报告的注意事项

## 一、清晰的分析目的

这是结果导向的数据分析工作的出发点。只有明确分析目的,才能有一个良好的驱动过程,而所有的数据分析工作和数据分析报告里所要呈现的全部内容都是为这个目的服务的。所以在开始进行数据分析之前一定要明白"分析目的"很重要,这也决定了数据分析报告制作完成后是否能够满足需求方的要求。

## 二、简约的分析框架

分析框架(或者称作提纲)就是数据分析报告的骨骼,而一份分析框架简约的报告,不用聚焦到内容和结论,就足以让阅读者看到专业和诚意。简约的分析框架要求层次清晰、主次分明、逻辑严谨。

## 三、严谨的分析过程

在"总-分-总"结构的分析过程中,每一个分论点之间都不是孤立的,而是环环相扣、层层递进的。例如,当我们得出大学生日平均上网时间长的结论后,就需要进一步论证大几的学生上网时间最长,大学生最喜欢浏览哪些网站,大学生都在什么时间、什么地点、通过什么终端上网等。只有更深入地研究大学生的上网习惯,才能得出更有指导意义的结论。

## 四、专业的分析文案

分析报告中的文案主要包括项目概述、图表解读、结论和建议阐述,阅读者在阅读每一份报告时主要关注的是文案部分,看不见数据分析工作,阅读者能够看见的只是一份报告,所以报告对数据解读的专业性非常重要。专业的解读能够很好地说明报告撰写者通过数据分析过程表达观点,进而得出结论并提出建议;否则数据分析报告读起来既费时又费力。

## 五、可视化的分析图表

大数据时代,优秀的数据分析师必须擅长制作可视化图表。数据可视化可以让数据说话,使得分析过程和结果更具竞争力,既吸引了阅读者的注意力,又省去了大量的文字解释工作。因此,每一位数据分析师都应该具备数据可视化的基础技能。

## 六、精练的分析结论

首先,所有的分析过程都是为了得出结论,因此结论是必不可少的。其次,在进行数据展示和文字解读时,并不是越多越好,而是要能够表达思想、说明问题,所以贵精不贵多。再次,分析结论一定要在分析结果的基础上提炼,不能以小见大,更不能无中生有,所有的结论都要有数据支撑。最后,在将分析过程升华为结论后,还要再次审视数据支撑和分析结论的匹配度。整个过程有理有据,不突兀、不生硬、不生搬硬套、不借题发挥、不想当然。

## 七、切实可行的方案和建议

切实可行的方案和建议是考量一位数据分析师有无潜力的最直接的方式。每一位数据分析师在深入分析数据后,就应该比别人更清楚数据分析报告所呈现出来的现象和本质,那么在分析结果之上就可以做出进一步的挖掘、探索和研究,结合问题现状和深层次原因给出切实可行的方案和建议,而且方案和建议是需求方真正期待看到的内容,也是需求方判断数据分析师水平高低的重要参考依据。因此,一位优秀的数据分析师不仅能够通过分析数据发现问题,还能够凭借自己的经验解决问题。

## 实训活动

### 撰写 Excel 数据分析报告

目标:通过本实训活动,读者将学习如何使用 Excel 撰写数据分析报告。

步骤如下:

(1) 选择一个数据分析实例,如销售数据分析、客户数据分析、财务数据分析等。

(2) 导入或输入相关的数据,确保数据的完整性和准确性。

(3) 利用 Excel 的各种数据处理和分析技能,如排序、筛选、分类汇总、函数和公式、数据透视表、图表等,对数据进行分析。

(4) 根据数据分析的结果,提出一些结论和建议,并将其记录在工作表中。

(5) 在工作表中创建一个适当的图表,提供可视化的数据分析结果。

(6) 整理数据分析结果和结论,撰写一份数据分析报告。

(7) 在报告中包括数据分析的目的、过程和结果,以及根据结果提出的建议和解决方案。

(8) 在报告中使用图表和数据展示技巧,使得数据分析结果更加易于理解和接受。

(9) 对报告进行适当的排版和格式化,以便阅读和传达。

(10) 将报告保存为 PDF 或其他常见文档格式,并发送给相关人员。

# 参 考 文 献

[1] 陈雪飞，晏再庚. Excel 数据管理与分析[M]. 北京：中国轻工业出版社，2017.

[2] 樊玲，曹聪. Excel 数据分析[M]. 北京：北京邮电大学出版社，2021.

[3] 韩小良，任殿梅. Excel 数据分析之道 职场报表应该这么做[M]. 北京：中国铁道出版社，2012.

[4] 韩小良，杨传强. 从逻辑思路到实战应用，轻松做 Excel 数据分析[M]. 北京：中国铁道出版社，2019.

[5] 何先军. Excel 数据处理与分析应用大全[M]. 北京：中国铁道出版社，2019.

[6] 会计实操辅导教材研究院. Excel 数据处理与分析[M]. 广州：广东人民出版社，2018.

[7] 雷金东，朱丽娜. Excel 财经数据处理与分析[M]. 北京：北京理工大学出版社，2019.

[8] 林宏谕，姚瞻海. Excel 数据分析与市场调查[M]. 北京：中国铁道出版社，2009.

[9] 唐莹编. PPT 设计与制作全能手册 案例＋技巧＋视频 从 Word 文字汇报、Excel 数据分析到 PPT 幻灯
  片演示[M]. 北京：北京理工大学出版社，2022.

[10] 王斌会. 数据分析及 Excel 应用[M]. 广州：暨南大学出版社，2021.

[11] 熊斌编. Excel 数据分析[M]. 北京：中国铁道出版社，2019.

[12] 杨乐，丁燕琳，张舒磊. Excel 数据分析从入门到进阶[M]. 北京：机械工业出版社，2021.

[13] 杨小丽. Excel 商业数据分析 实战版[M]. 北京：中国铁道出版社，2018.

[14] 杨小丽. Excel 数据分析职场必备技能[M]. 北京：中国铁道出版社，2013.

[15] 云飞作. Excel 数据处理与分析[M]. 北京：中国商业出版社，2021.